剪映教程

3天成为短视频与Vlog剪辑高手

龙飞　编著

清华大学出版社
北京

U0386548

内 容 简 介

本书由剪映课程讲师针对 20 万学员喜欢的后期处理技巧精心讲解 14 个专题内容，从调色、特效到抖音热门和快手爆款的效果制作等，进行一招一式的拆解，帮助读者更快、更好地制作理想的视频效果。

书中介绍 87 个干货技巧，包括目前流行的多种短视频类型的制作方法，从转场、字幕、字效、合成、音效、分身、卡点、拍法等角度，帮助新手快速成长为短视频和 Vlog 的剪辑高手，制作出电影级大片。

随书赠送 30 个短视频拍摄与 Vlog 运镜技巧手册，帮助读者快速成为短视频与 Vlog 拍摄达人。

本书适合广大短视频和 Vlog 爱好者、快手与抖音玩家、想要寻求突破的短视频后期制作人员阅读，也可以作为视频剪辑的相关教材。

图书在版编目 (CIP) 数据

剪映教程：3 天成为短视频与 Vlog 剪辑高手 / 龙飞编著 . —北京：清华大学出版社，2021.2 (2024.3重印)

ISBN 978-7-302-57520-7

Ⅰ . ①剪… Ⅱ . ①龙… Ⅲ . ①视频编辑软件 Ⅳ . ① TN94

中国版本图书馆 CIP 数据核字 (2021) 第 021006 号

责任编辑：李 磊
封面设计：王 晨
版式设计：孔祥峰
责任校对：马遥遥
责任印制：杨 艳

出版发行：清华大学出版社
网　　址：https://www.tup.com.cn，https://www.wqxuetang.com
地　　址：北京清华大学学研大厦A座　　邮　　编：100084
社 总 机：010-83470000　　邮　　购：010-62786544
投稿与读者服务：010-62776969，c-service@tup.tsinghua.edu.cn
质 量 反 馈：010-62772015，zhiliang@tup.tsinghua.edu.cn
印 装 者：小森印刷（北京）有限公司
经　　销：全国新华书店
开　　本：140mm×210mm　　印　　张：7.5　　字　　数：294千字
　　　　　（附小册子1本）
版　　次：2021年3月第1版　　印　　次：2024年3月第11次印刷
定　　价：69.00元

产品编号：090296-01

前　言

2018 年，我在编写《手机短视频拍摄与后期大全：轻松拍出电影级大片》这本书时，最受欢迎的后期 App 是小影，当时的下载量是 5600 多万次。

而 2020 年，策划编写《手机短视频拍摄与后期大全：轻松拍出电影级大片》第二版时，最受欢迎的后期 App 变成了剪映，仅华为手机应用市场的下载量就达 4 亿多次。为什么剪映 App 这么火？根据我的亲身体验，有如下两个原因。

一是喜欢短视频拍摄的用户海量骤增，对后期剪辑的需求大大提高了。

二是剪映由火爆的抖音开发，功能无比齐全，操作也超级简便。

因为要讲课和写书，所以我算是从事短视频拍摄比较早的人，用过的 App 超过 20 款，但之前最喜欢的一款 App 是 VUE，因为我喜欢拍延时视频，而 VUE 的变速功能非常好用，且添加字幕、音乐也很简单，所以差不多用了两年。但用着用着，感觉 VUE 开始出问题，主要表现在两点：一是剪辑时经常卡机，这让人体验感很差；二是导出效果时经常失败，这会让人很崩溃，好不容易做好的效果保存时出意外，这怎么敢用？

正好此时，快手、抖音开始火了起来，我就深度去玩，在编写《轻松打造爆款短视频：抖音 + 快手拍摄与后期大全》一书时，对剪映的功能开始莫名地爱上了，原因有三。

一是功能强大：几乎其他 App 有的功能它都有，还新增了许多功能，不仅做到了"人无我有"，而且做到了"人有我优"。

二是操作简单：主要功能基本上都展示在底端，如剪辑、音频、文字等，点击进去，即可一目了然进行各项操作，上手容易。

三是速度很快：无论是剪辑的过程，还是最后保存效果，全程速度快，这样不仅过程中体验感好，而且最后保存时还安全。

我经常出去旅游，随后发现身边使用剪映的人越来越多，我知道剪映成为短视频的后期 App 霸主的时候到了，于是便萌生了专门编写一本剪映教程的想法，但还有一个更深层的原因，就是剪映有如电脑版的 Premiere，强大的功能可以深度挖掘，创新出更多的精彩效果，大家在抖音上看到的许多耳目一新的效果，都是用剪映做出来的。

本书一共精选 87 个干货内容，包括目前流行的多种短视频效果的制作方法，如转场、字幕、字效、合成、音效、分身、卡点、拍法等，帮助读者从新手快速成长为短视频和 Vlog 的剪辑高手，制作出不一样的电影级大片！

在 3 天时间内如何具体学习，在此给读者如下建议。

第一天：集中精力，学习第 1 ~ 5 章的内容，掌握剪映的基本功能、剪辑技巧、调色方法、特效方式、转场效果。

第二天：再接再厉，学习第 6 ~ 10 章的内容，掌握剪映的进阶功能，如添加字幕、制作字效、添加音乐、创意合成、尝试制作分身效果。

第三天：实战训练，学习第 11 ~ 14 章的内容，强化学习效果的制作，如流行的卡点效果、电影拍法、抖音案例、快手案例，注意这 4 章的难度是最大的，可以挑选每章的几种效果尝试一下，先找到感觉，再慢慢深入。

要想在 3 天时间内全面且熟练地掌握剪映 App，一定要注意以下三点。

一是先重功能，再重效果。即先照着书中的步骤，找张素材，做一遍，领略一下剪映的功能，效果的精美与否放在其次，因为效果要达到理想程度，与素材的匹配度有关，等功能熟悉了，以后遇到合适的素材自然就会合理应用了。

二是替换素材，举一反三。因为版权原因，本书或其他书一般不会提供素材，可以先用自己的照片模仿着做，既感受功能的精华，又感受效果的区别，将这两点化为自己的知识要点。

三是多拍多做，多试效果。前面已熟知剪映的各项功能，接下来就是多拍视频，多试用剪映的功能，不奢求 80 多个功能一下全部用上，但可以慢慢都用上，每一次后期都加上一两个功能，这样拍摄和处理二三十个视频，功能基本上就可以全用上了。

特别要提醒的是，后面 4 章的案例，因为含金量高，还是有一定难度的，建议读者多花一些时间慢慢去领会，遇到不懂的问题，可以与我交流。我的微信号是 2633228153，我在公众号"手机摄影构图大全"中也分享过许多技巧，欢迎关注、查看。

编　者

目 录
CONTENTS

第 1 章
8 种功能，剪映入门

学前提示

　　剪映 App 是抖音推出的一款视频剪辑应用，拥有全面的剪辑功能，支持剪辑、缩放视频轨道、素材替换、美颜瘦脸等功能，并提供丰富的曲库资源和视频素材资源。本章从认识剪映界面开始介绍剪映 App 的具体操作方法。

001 认识界面，快速上手

在手机屏幕上点击剪映图标，打开剪映 App，如图 1-1 所示。进入"剪映"主界面，点击"开始创作"按钮，如图 1-2 所示。

图 1-1　点击剪映图标　图 1-2　点击"开始创作"按钮

进入"照片视频"界面，在其中选择相应的视频或照片素材，如图 1-3 所示。

图 1-3　选择相应的视频或照片素材

点击"添加"按钮，即可成功导入相应的照片或视频素材，并进入编辑界面，其界面组成如图 1-4 所示。

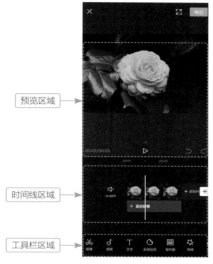

图 1-4　编辑界面的组成

位于预览区域左下角的时间，表示当前时长和视频的总时长。点击预览区域右上角的██按钮，可全屏预览视频效果，如图 1-5 所示。点击"播放"按钮██，即可播放视频，如图 1-6 所示。

图 1-5　全屏预览视频效果

图 1-6　播放视频

用户在进行视频编辑操作后，可以点击预览区域右下角的"撤回"按钮██，即可撤销上一步的操作。

002 缩放轨道，精确剪辑

在时间线区域中，有一根白色的垂直线条，叫作时间轴，上面为时间刻度。用户可以在时间线上任意滑动视频。在时间线上可以看到视频轨道和音频轨道，还可以增加文本轨道，如图 1-7 所示。

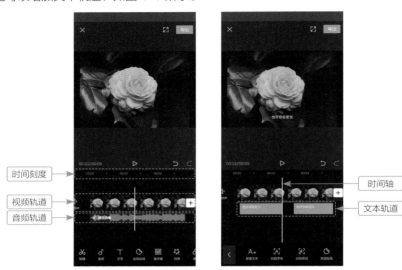

图 1-7 时间线区域

用双指在视频轨道上开合，可以缩放时间线的大小，如图 1-8 所示。

图 1-8 缩放时间线的大小

003　导入素材，丰富画面

在时间线区域的视频轨道上点击右侧的 ⊞ 按钮，如图 1-9 所示。进入"照片视频"界面，在其中选择相应的视频或照片素材，如图 1-10 所示。

图 1-9　点击相应按钮　　　　图 1-10　选择相应素材

点击"添加"按钮，即可在时间线区域的视频轨道上添加一个新的视频素材，如图 1-11 所示。

图 1-11　添加新的视频素材

　　除了以上导入素材的方法外，用户还可以点击"开始创作"按钮，进入"照片视频"界面。在"照片视频"界面中，点击"素材库"按钮，如图 1-12 所示。进入"素材库"界面后，可以看到剪映素材库内置了丰富的素材，向下滑动，可以看到有黑白场、插入动画、绿幕和蒸汽波等，如图 1-13 所示。

图 1-12　点击"素材库"按钮　　　　图 1-13　"素材库"界面

　　例如，用户想要在视频片头做一个片头进度条，只需选择片头进度条素材片段，点击"添加"按钮，即可将素材添加到视频轨道中，如图 1-14 所示。

图 1-14　添加片头进度条素材片段

004 工具区域，方便快捷

在底部的工具栏区域中，不进行任何操作时，我们可以看到一级工具栏，其中有剪辑、音频和文字等功能，如图 1-15 所示。

图 1-15　一级工具栏

例如，点击"剪辑"按钮，可以进入剪辑二级工具栏，如图 1-16 所示。点击"音频"按钮，可以进入音频二级工具栏，如图 1-17 所示。

图 1-16　剪辑二级工具栏　　　　图 1-17　音频二级工具栏

005 素材替换，一键实现

下面介绍剪映 App 的素材替换功能的具体操作方法。

步骤 01 打开剪好的短视频文件，向左滑动视频轨道，找到需要替换的视频片段，点击选择该片段，如图 1-18 所示。

步骤 02 在下方工具栏中，向左滑动，找到并点击"替换"按钮，如图 1-19 所示。

步骤 03 进入"照片视频"界面，选择想要替换的素材，如图 1-20 所示。

步骤 04 替换成功后，便会在视频轨道上显示替换后的视频素材，如图 1-21 所示。

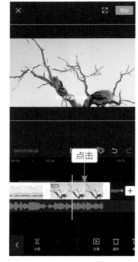
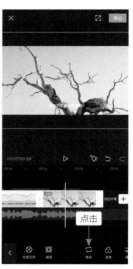

图 1-18　点击需要替换的视频　　图 1-19　点击"替换"按钮

图 1-20　选择需要替换的素材　　图 1-21　显示替换成功的视频素材

OO6　美颜瘦脸，美化人物

　　导入一段视频素材，点击选择该视频轨道，在下方的工具栏中找到并点击"美颜"按钮，如图 1-22 所示。进入"美颜"界面后，可以看到有"磨皮"和"瘦脸"两个选项，如图 1-23 所示。

图 1-22　点击"美颜"按钮　　图 1-23　"美颜"界面

　　当"磨皮"图标 显示为红色时，表示目前正处于磨皮状态，拖曳白色圆圈滑块，即可调整"磨皮"的强弱，如图 1-24 所示。

图 1-24　调整"磨皮"强弱

　　点击"瘦脸"图标 切换至该功能上，拖曳白色圆圈滑块，即可调整"瘦脸"的强弱，如图 1-25 所示。

图 1-25 调整"瘦脸"强弱

007 管理草稿，方便更改

草稿箱包括"剪辑草稿"和"模板草稿"两个选项。"剪辑草稿"中的草稿来自点击"开始创作"按钮后，用户一步步制作的视频，点击右上角的"管理"按钮，如图 1-26 所示。选择需要删除的草稿，点击 🔟 按钮，即可删除剪辑草稿，如图 1-27 所示。

图 1-26 点击"管理"按钮　　图 1-27 删除剪辑草稿

　　"模板草稿"来自"剪同款"里面套模板剪辑而成的视频草稿，点击右上角的"管理"按钮，如图 1-28 所示。选择需要删除的草稿，点击 ⬚ 按钮，即可删除模板草稿，如图 1-29 所示。

图 1-28　点击"管理"按钮　　　图 1-29　删除"模板草稿"

　　当用户导出视频后，如果发现视频有错误，可在对应草稿箱中找到并点击该草稿，即可对该草稿进行更改，如图 1-30 所示。

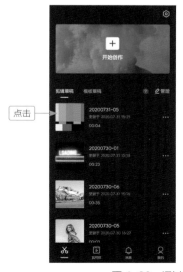
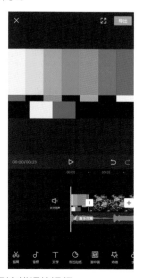

图 1-30　通过草稿箱找到有错误的视频

008 视频导出，完成剪辑

　　用户将视频剪辑完成后，点击右上角的"导出"按钮，如图 1-31 所示。在导出视频之前，用户还需对视频的分辨率和帧率进行设置，设置好后，再次点击"导出"按钮，如图 1-32 所示。

图 1-31　点击"导出"按钮　图 1-32　再次点击"导出"按钮

　　在导出视频的过程中，用户不可以锁屏或者切换程序，如图 1-33 所示。导出完成后，选择点击"一键分享到抖音"按钮，即可分享到抖音平台，也可点击"完成"按钮，结束此次剪辑，如图 1-34 所示。

图 1-33　导出视频过程中　图 1-34　点击"完成"按钮

第 2 章

7 种技巧，剪辑自如

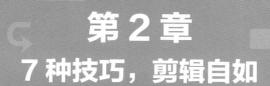

学前提示

  上一章介绍了剪映 App 的基本功能。虽然剪映的操作界面非常简洁，但功能却不少，能够满足用户完成短视频基本剪辑的需求。本章详细介绍 7 种运用剪映 App 进行短视频与 Vlog 剪辑的操作技巧。

009 基本剪辑，轻松上手

下面介绍使用剪映 App 对短视频进行基本剪辑处理的操作方法。

步骤 01 在剪映 App 中导入一个视频素材，点击左下角的"剪辑"按钮，如图 2-1 所示。

步骤 02 执行操作后，进入视频剪辑界面，如图 2-2 所示。

图 2-1 点击"剪辑"按钮　图 2-2 进入视频剪辑界面

步骤 03 移动时间轴至两个片段的相交处，点击"分割"按钮，即可分割视频，如图 2-3 所示。

步骤 04 点击"变速"按钮，可以调整视频的播放速度，如图 2-4 所示。

图 2-3 分割视频　图 2-4 变速处理界面

步骤 05 移动时间轴，❶选择视频的片尾；❷点击"删除"按钮，如图 2-5 所示。

步骤 06 执行操作后，即可删除片尾，如图 2-6 所示。

图 2-5　点击"删除"按钮　　　　　　　图 2-6　删除片尾

步骤 07 在视频剪辑界面中点击"编辑"按钮，可以对视频进行旋转、镜像和裁剪等编辑处理，如图 2-7 所示。

步骤 08 在视频剪辑界面中点击"复制"按钮，可以快速复制选择的视频片段，如图 2-8 所示。

图 2-7　视频编辑功能　　　　　　　图 2-8　复制选择的视频片段

步骤 **09** 在剪辑界面中点击"倒放"按钮，系统会对所选择的视频片段进行倒放处理，并显示处理进度，如图 2-9 所示。

步骤 **10** 稍等片刻，即可倒放所选视频，如图 2-10 所示。

图 2-9 显示倒放处理进度

图 2-10 倒放所选视频

步骤 **11** 用户还可以在剪辑界面中点击"定格"按钮，如图 2-11 所示。

步骤 **12** 执行操作后，使用双指放大时间轴中的画面片段，即可延长该片段的持续时间，实现定格效果，如图 2-12 所示。

图 2-11 点击"定格"按钮

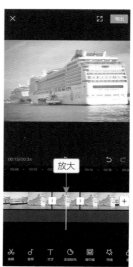

图 2-12 实现定格效果

步骤 13 点击右上角的"导出"按钮，即可导出视频，效果如图 2-13 所示。

图 2-13　导出并预览视频

010　逐帧剪辑，精确度高

在剪映 App 中，点击"开始创作"按钮，导入 3 个视频素材，如图 2-14 所示。如果导入的素材位置不对，用户在视频轨道上选中并长按需要更换位置的素材，所有素材便会变成小方块，如图 2-15 所示。

图 2-14　导入视频片段　　图 2-15　长按素材

变成小方块后，即可将视频素材移动到合适的位置，如图 2-16 所示。移至合适的位置后，松开手指即可成功调整素材位置，如图 2-17 所示。

图 2-16　移动素材位置　　　　　　图 2-17　调整素材位置

用户如果想要对视频进行更加精细的剪辑，只需放大时间线，如图2-18 所示。在时间刻度上用户可以看到显示最高剪辑精度为 5 帧画面，如图 2-19 所示。

图 2-18　放大时间线　　　　　　　图 2-19　显示最高剪辑精度

虽然时间刻度上显示最高的精度是 5 帧画面，大于 5 帧的画面可以被分割，但是用户也可以在大于 2 帧小于 5 帧的位置进行分割，如图 2-20 所示。

图 2-20 大于 5 帧的分割（左）和大于 2 帧小于 5 帧的分割（右）

011 缩放移动，自由调整

在剪映 App 中，点击"开始创作"按钮，导入一段视频素材，进入视频编辑界面，如图 2-21 所示。点击视频轨道，预览区域会出现红色的边框线，即表示选中，如图 2-22 所示。

图 2-21 视频编辑界面　　　图 2-22 选中视频轨道

选中视频后，用户就可以直接用两只手指在预览区域对视频进行放大或缩小的操作，如图 2-23 所示。

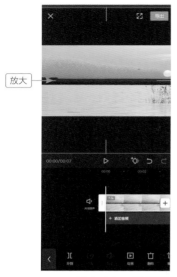

放大

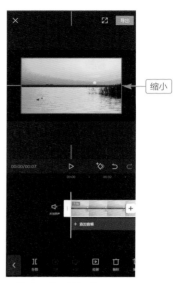

缩小

图 2-23　对视频进行放大（左）和缩小（右）的操作

用户也可以根据自身的视频需要，将视频画面自由移动到需要的位置，如图 2-24 所示。

右移

下移

图 2-24　移动视频画面

012　裁剪功能，调整角度

　　为了让视频素材画面尺寸统一，用户可以使用剪映 App 中的裁剪功能。下面介绍具体的操作方法。

步骤 01　点击"开始创作"按钮，导入一段视频素材，如图 2-25 所示。

步骤 02　点击视频轨道，向左滑动下方工具栏，找到并点击"编辑"按钮，如图 2-26 所示。

步骤 03　在"编辑"工具栏中，有"旋转""镜像"和"裁剪"3 个工具，点击"裁剪"按钮，如图 2-27 所示。

步骤 04　进入"裁剪"

图 2-25　导入视频素材　　图 2-26　点击"编辑"按钮

界面后，下方有角度刻度调整工具和画布比例选项，如图 2-28 所示。

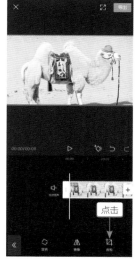

图 2-27　点击"裁剪"按钮　　　图 2-28　"裁剪"界面

左右滑动角度刻度调整工具，可以调整画面的角度，如图 2-29 所示。用户也可以选择下方的画布比例预设，根据自身需要，选择相应的比例裁剪画面，如图 2-30 所示。

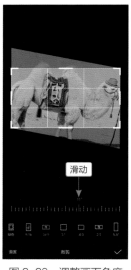

图 2-29　调整画面角度　　　　图 2-30　选择画布比例

013 　添关键帧，运动效果

　　下面介绍添加关键帧，制作运动效果的具体操作方法。

步骤 01 在剪映 App中，点击"开始创作"按钮，导入一段视频素材，点击"画中画"按钮，如图 2-31所示。

步骤 02 在下方的"画中画"二级工具栏中，点击"新增画中画"按钮，如图 2-32 所示。

图 2-31　点击"画中画"按钮　图 2-32　点击"新增画中画"按钮

步骤 03 进入"照片视频"界面，选择添加一段视频素材，点击下方工具栏中的"混合模式"按钮，如图 2-33 所示。

步骤 04 执行操作后，向左滑动菜单，找到并选择"变亮"效果，如图 2-34 所示。

图 2-33　点击"混合模式"按钮　　　图 2-34　选择"变亮"效果

步骤 05 点击 ✓ 按钮，即可应用"混合模式"效果，调整素材大小并移动到合适位置，如图 2-35 所示。

步骤 06 点击时间线区域右上方的 ◇ 按钮，视频轨道上会显示一个红色的菱形标志 ◆，表示成功添加一个关键帧，如图 2-36 所示。

图 2-35　调整移动素材　　　　图 2-36　成功添加关键帧

步骤 **07** 执行操作后，再添加一个新的关键帧，拖曳一下时间轴，对素材的位置和大小可再做改变，新的关键帧将自动生成，重复多次操作，制作素材的运动效果，如图 2-37 所示。

步骤 **08** 点击右上角的"导出"按钮，即可导出视频，效果如图 2-38 所示。

图 2-37　制作素材的运动效果

图 2-38　导出并预览视频

014　两种变速，多种预设

在剪映 App 中，点击"开始创作"按钮，导入一段视频素材，点击"剪辑"按钮，如图 2-39 所示。进入剪辑二级工具栏，点击"变速"按钮，如图 2-40 所示。

图 2-39 点击"剪辑"按钮　　　　图 2-40 点击"变速"按钮

　　进入变速工具栏中，有"常规变速"和"曲线变速"两个工具，点击"常规变速"按钮，即可进入"变速"界面，如图 2-41 所示。

图 2-41 进入"变速"界面

　　其中，1x 表示正常速度，小于 1 就是速度变慢，视频时间将会变长，同时视频轨道上的视频将会被拉长，如图 2-42 所示。大于 1 就是速度变快，视频时间将会变短，同时视频轨道上的视频也将会被缩短，如图 2-43 所示。

图 2-42　视频轨道拉长

图 2-43　视频轨道缩短

再次导入一段视频素材，进入变速工具栏，点击"曲线变速"按钮，如图 2-44 所示。进入"曲线变速"界面后，可以看到有自定、蒙太奇、英雄时刻、子弹时间、跳接、闪进和闪出 7 种预设，如图 2-45 所示。

图 2-44　点击"曲线变速"按钮

图 2-45　"曲线变速"界面

其中，后 6 个是系统自带的预设，点击"自定"选项，即可进入曲线调节界面，如图 2-46 所示。用户可以任意拖动速度点，速度点在上方表示视频加速，速度点在下方表示视频减速，如图 2-47 所示。

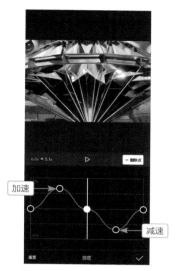

图 2-46　曲线调节界面　　　　　图 2-47　任意拖动速度点

　　将白色时间轴移动到速度点上，点击▢按钮，即可删除速度点，如图 2-48 所示。将其移动到没有速度点的曲线上，点击▢按钮，即可添加速度点，如图 2-49 所示。如果对当前设置不满意，点击左下角的"重置"按钮，即可重新调节速度。

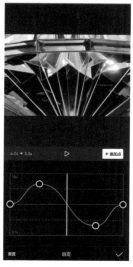

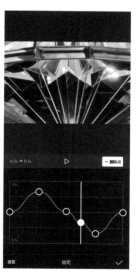

图 2-48　删除速度点　　　　　　图 2-49　添加速度点

015 分割功能，解决黑屏

下面介绍使用剪映 App 解决视频素材后半段黑屏的具体操作方法。

步骤 01 在剪辑草稿中，找到并选择后半段出现黑屏的视频草稿，如图 2-50 所示。

步骤 02 点击视频轨道，轨道上显示视频时长为 10.4s，而左上角的总时长显示为 01:23，如图 2-51 所示。

图 2-50 选择视频草稿

图 2-51 时长显示

步骤 03 滑动时间轴至视频轨道的结尾处，可以看到音频轨道有多余的音频，如图 2-52 所示。

步骤 04 点击"音频轨道"，点击"分割"按钮，删除后半段音频，即可解决视频素材后半段黑屏的问题，如图 2-53 所示。

图 2-52 滑动时间轴

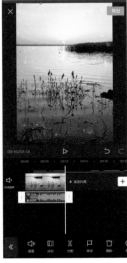

图 2-53 删除后半段音频

步骤 05 除了音频多余外，字幕和贴纸过长也会出现相似问题，点击"文字"按钮，进入文字编辑界面，如图 2-54 所示。

步骤 06 采用同样的方法，滑动时间轴至视频轨道的结尾处，删除多余的字幕和贴纸，即可解决此类问题，如图 2-55 所示。

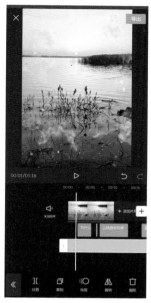

图 2-54　文字编辑界面　　　　　　图 2-55　删除多余字幕和贴纸

第 3 章
5 种调色，随心所欲

学前提示

很多人在制作短视频的时候，不知道如何对自己的视频进行调色，或者调出来的短视频色调与主题不符。针对这些常见问题，本章介绍5 种基本的调色方法，帮助读者更快、更好地掌握短视频的调色技巧。

016　调节工具，光影色调

下面介绍使用剪映 App 调整视频画面的光影色调的操作方法。

步骤 01　在剪映 App
中导入一个视频素材，
点击底部的"调节"
按钮，如图 3-1 所示。

步骤 02　调出"调节"
菜单，选择"亮度"
选项，向右拖曳滑
块，即可提亮画面，如
图 3-2 所示。

图 3-1　点击"调节"按钮　　图 3-2　调整画面亮度

步骤 03　选择"对比
度"选项，适当向右
拖曳滑块，增强画面
的明暗对比效果，如
图 3-3 所示。

步骤 04　选择"饱和
度"选项，适当向右
拖曳滑块，增强画面
的色彩饱和度，如
图 3-4 所示。

图 3-3　调整画面对比度　　图 3-4　调整画面色彩饱和度

步骤 05 适当向右拖曳"锐化"滑块，增加画面的清晰度，如图 3-5 所示。

步骤 06 适当向右拖曳"高光"滑块，增加画面中高光部分的亮度，如图 3-6 所示。

图 3-5 调整画面清晰度

图 3-6 调整画面高光亮度

步骤 07 适当向右拖曳"阴影"滑块，增加画面中阴影部分的亮度，如图 3-7 所示。

步骤 08 适当向右拖曳"色温"滑块，增强画面的暖色调效果，如图 3-8 所示。

图 3-7 调整画面阴影亮度

图 3-8 调整画面色温

步骤 **09** 适当向右拖曳"色调"滑块，增强天空的蓝色效果，如图 3-9 所示。

步骤 **10** 选择"褪色"选项，向右拖曳滑块可以降低画面的色彩浓度，如图 3-10 所示。

图 3-9　调整画面色调　　　　　　　图 3-10　调整"褪色"选项效果

步骤 **11** 点击右下方的 ✔ 按钮，应用调节效果，如图 3-11 所示。

步骤 **12** 调整"调节"效果的持续时间与视频时间保持一致，如图 3-12 所示。

图 3-11　应用调节效果　　　　　　　图 3-12　调整"调节"效果的持续时间

步骤 13 点击右上角的"导出"按钮，导出并预览视频，效果如图 3-13 所示。

图 3-13　导出并预览视频

017　导出视频，更加清晰

下面介绍使用剪映 App 提升视频清晰度的操作方法。

步骤 01 在剪映 App 中导入一个视频素材，滑动下方的一级工具栏，点击"调节"按钮，如图 3-14 所示。

步骤 02 进入"调节"界面后，选择"对比度"选项，向右拖曳滑块，将对比度的参数调节至 7，如图 3-15 所示。

图 3-14　点击"调节"按钮　　　图 3-15　调节对比度

步骤 03 执行操作后，选择"饱和度"选项，向右拖曳滑块，将"饱和度"参数调至 17，如图 3-16 所示。

步骤 04 执行操作后，选择"锐化"选项，向右拖曳滑块，将"锐化"参数调至 22，如图 3-17 所示。

图 3-16　调节饱和度　　　　　　　　　图 3-17　调节锐化

步骤 05 调整好参数后，点击右下方的 ✓ 按钮，即调整成功，拖曳调节轨道右侧的白色圆圈滑块，将调节轨道与视频轨道对齐，如图 3-18 所示。

步骤 06 执行操作后，点击右上方的"导出"按钮，进入导出界面，拖曳滑块，将"分辨率"调至 1080p，"帧率"调至 60，如图 3-19 所示。

图 3-18　拖曳滑块　　　　　　　　　图 3-19　调节分辨率和帧率

步骤 07 执行操作后，点击下方的"导出"按钮，即可导出并预览清晰的视频效果，如图 3-20 所示。

图 3-20 导出并预览视频

018 荷花调色，鲜亮滤镜

下面介绍使用剪映 App 为荷花视频调色的具体操作方法。

步骤 01 在剪映 App 中导入一个视频素材，打开剪辑二级工具栏，找到并点击"滤镜"按钮，如图 3-21 所示。

步骤 02 执行操作后，❶选择"鲜亮"滤镜效果；❷拖曳滑块，将参数调至 52，如图 3-22 所示。

图 3-21 点击"滤镜"按钮　　　　图 3-22 滤镜调整界面

步骤 03 返回到一级工具栏，找到并点击"调节"按钮，如图 3-23 所示。

步骤 04 执行操作后，选择"亮度"选项，向左拖曳滑块，将参数调至 −17，如图 3-24 所示。

图 3-23　点击"调节"按钮

图 3-24　调节亮度

步骤 05 选择"对比度"选项，向右拖曳滑块，将参数调至 22，如图 3-25 所示。

步骤 06 执行操作后，选择"饱和度"选项，向右拖曳滑块，将参数调至 29，如图 3-26 所示。

图 3-25　调节对比度

图 3-26　调节饱和度

步骤 **07** 选择"锐化"选项，向右拖曳滑块，将参数调至 23，如图 3-27 所示。

步骤 **08** 执行操作后，选择"色温"选项，向左拖曳滑块，将参数调至 –11，如图 3-28 所示。

图 3-27 调节锐化　　　　　　　　　　图 3-28 调节色温

步骤 **09** 执行操作后，点击"导出"按钮，效果对比如图 3-29 所示。

图 3-29 调色前（左）与调色后（右）的效果对比

019　暗调调色，电影质感

下面介绍使用剪映 App 调出电影色调的具体操作方法。

步骤 **01** 在剪映 App 中导入一个视频素材，打开剪辑二级工具栏，找到并点击"滤镜"按钮，如图 3-30 所示。

步骤 02 进入"滤镜"界面后，滑动滤镜预设菜单，找到并选择"落叶棕"预设，如图 3-31 所示。

图 3-30　点击"滤镜"按钮　　　　　图 3-31　选择"落叶棕"预设

步骤 03 执行操作后，返回一级工具栏，点击"调节"按钮，如图 3-32 所示。

步骤 04 进入"调节"界面后，选择"亮度"选项，向左拖曳滑块，将参数调至 -25，起到压暗画面的效果，如图 3-33 所示。

图 3-32　点击"调节"按钮　　　　　图 3-33　调节亮度

步骤 **05** 选择"对比度"选项，向右拖曳滑块，将参数调至 31，加深画面的反差，如图 3-34 所示。

步骤 **06** 选择"饱和度"选项，向右拖曳滑块，将参数调至 13，丰富画面的生动度，如图 3-35 所示。

图 3-34　调节对比度

图 3-35　调节饱和度

步骤 **07** 选择"锐化"选项，向右拖曳滑块，将参数调至 36，如图 3-36 所示。

步骤 **08** 选择"色温"选项，向右拖曳滑块，将参数调至 37，如图 3-37 所示。

图 3-36　调节锐化

图 3-37　调节色温

步骤 09 执行操作后，点击"导出"按钮，效果对比如图 3-38 所示。

图 3-38　调色前（左）与调色后（右）的效果对比

020 海景调色，碧海蓝天

下面介绍使用剪映 App 调出碧海蓝天的海景视频的具体操作方法。

步骤 01 在剪映 App 中导入一个视频素材，打开剪辑二级工具栏，找到并点击"滤镜"按钮，如图 3-39 所示。

步骤 02 进入"滤镜"界面后，滑动滤镜的预设，选择"晴空"预设，如图 3-40所示。

图 3-39　点击"滤镜"按钮　　　图 3-40　选择"晴空"预设

步骤 03 点击 ✓ 按钮，即可添加预设，点击"新增调节"按钮，如图 3-41 所示。

步骤 04 进入"调节"界面后，选择"亮度"选项，向左拖曳滑块，将参数调至 -16，如图 3-42 所示。

图 3-41　点击"新增调节"按钮　　　　图 3-42　调节亮度

步骤 **05** 执行操作后，选择"对比度"选项，向右拖曳滑块，将参数调至 23，如图 3-43 所示。

步骤 **06** 选择"饱和度"选项，向右拖曳滑块，将参数调至 9，如图 3-44 所示。

图 3-43　调节对比度　　　　　　　图 3-44　调节饱和度

步骤 07 选择"锐化"选项，向右拖曳滑块，将参数调至 17，如图 3-45 所示。

步骤 08 调节好后，切换至"色温"选项，向左拖曳滑块，将参数调至 –25，如图 3-46 所示。

图 3-45 调节锐化　　　　　　　　　图 3-46 调节色温

步骤 09 执行操作后，点击"导出"按钮，效果对比如图 3-47 所示。

图 3-47 调色前（左）与调色后（右）的效果对比

第 4 章

5 种特效，画面更美

学前提示

　　经常看短视频的人会发现，很多热门的短视频都添加了一些好看的特效，不仅丰富了短视频与 Vlog 的画面元素，而且让视频变得更加炫酷。本章将介绍 5 种剪映 App 的特效制作方法，让你的短视频与 Vlog 画面更加美观。

021 添加滤镜，五光十色

下面介绍为短视频添加滤镜效果的操作方法。

步骤 01 在剪映 App 中导入一个视频素材，点击一级工具栏中的"滤镜"按钮，如图 4-1 所示。

步骤 02 进入"滤镜"界面，点击"新增滤镜"按钮，如图 4-2 所示。

步骤 03 调出"滤镜"菜单，根据视频场景选择合适的滤镜效果，如图 4-3 所示。

步骤 04 选中滤镜时间轴，拖曳右侧的白色拉杆，调整滤镜的持续时间与视频一致，如图 4-4 所示。

图 4-1　点击"滤镜"按钮　　图 4-2　点击"新增滤镜"按钮

步骤 05 点击底部的"滤镜"按钮，调出"滤镜"菜单，再次点击所选择的滤镜效果，拖曳白色圆圈滑块，适当调整滤镜的程度，如图 4-5 所示。

步骤 06 点击"导出"按钮导出视频，预览视频效果，如图 4-6 所示。

图 4-3　选择合适的滤镜效果　　图 4-4　调整滤镜的持续时间

图 4-5　调整滤镜程度

图 4-6　预览视频效果

022　特效界面，丰富多样

在剪映 App 中导入一个视频素材，点击一级工具栏中的"特效"按钮，如图 4-7 所示。执行操作后，进入"特效"界面，在"基础"选项卡里面有开幕、开幕 II、变清晰、模糊、纵向模糊、电影感、电影画幅和聚光灯等特效预设，如图 4-8 所示。

图 4-7　点击"特效"按钮

图 4-8　"基础"选项卡中的预设

　　例如，选择"模糊开幕"特效，即可在预览区域看到画面从模糊逐渐变清晰的视频效果，如图 4-9 所示。再如，选择"录像机"特效，即可在预览区域看到模拟录像机拍摄视频的效果，如图 4-10 所示。

图 4-9　选择"模糊开幕"特效　　　　图 4-10　选择"录像机"特效

　　用户也可以切换至"梦幻"选项卡，其中有金粉、金粉Ⅱ、金粉聚拢、模糊、波纹色差、彩虹幻影、妖气和万花筒Ⅱ等特效预设，如图 4-11 所示。例如，选择"烟雾"特效，即可在预览区域看到白色烟雾飘动的视频效果，如图 4-12 所示。

图 4-11　切换至"梦幻"选项卡　　　　图 4-12　选择"烟雾"特效

切换至 Bling 选项卡，其中有自然、自然Ⅱ、自然Ⅲ、自然Ⅳ、自然Ⅴ、梦境、梦境Ⅱ和梦境Ⅲ等特效预设，如图 4-13 所示。例如，选择"美式Ⅴ"特效，即可在预览区域看到模拟投影仪投影的视频效果，如图 4-14 所示。

图 4-13　切换至 Bling 选项卡　　　图 4-14　选择"美式Ⅴ"特效

切换至"动感"选项卡，其中有抖动、边缘 glitch、灵魂出窍、闪光灯、横纹故障、横纹故障Ⅱ、扫描光条和摇摆等特效预设，如图 4-15 所示。例如，选择"幻彩文字"特效，即可在预览区域看到镂空的文字边抖动边变化色彩的视频效果，如图 4-16 所示。

图 4-15　切换至"动感"选项卡　　　图 4-16　选择"幻彩文字"特效

023 花卉特效，不负芳华

下面介绍为花卉短视频作品添加特效的具体操作方法。

步骤 01 在剪映 App 中导入一个视频素材，点击一级工具栏中的"特效"按钮，如图 4-17 所示。

步骤 02 进入"特效"界面，在"基础"选项卡中选择"开幕"特效，如图 4-18 所示。

图 4-17 点击"特效"按钮　图 4-18 选择"开幕"特效

步骤 03 执行操作后，即可添加"开幕"特效，如图 4-19 所示。

步骤 04 选择"开幕"特效，拖曳其时间轴右侧的白色拉杆，调整特效的持续时间，如图 4-20 所示。

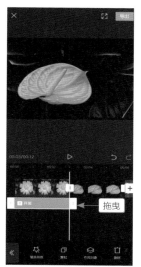

图 4-19 添加"开幕"特效　图 4-20 调整特效的持续时间

步骤 05 ❶拖曳时间轴至"开幕"特效的结束位置；❷点击"新增特效"按钮，如图 4-21 所示。

步骤 06 在"梦幻"选项卡中选择"夜蝶"特效，如图 4-22 所示。

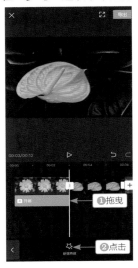

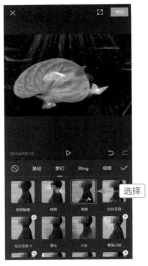

图 4-21 点击"新增特效"按钮 　　　图 4-22 选择"夜蝶"特效

步骤 07 执行操作后，即可添加"夜蝶"特效，如图 4-23 所示。

步骤 08 ❶拖曳时间轴至"夜蝶"特效的结束位置；❷点击"新增特效"按钮，如图 4-24 所示。

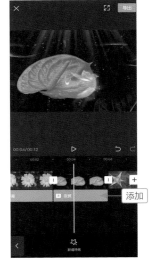

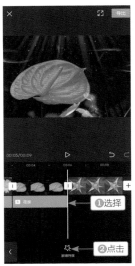

图 4-23 添加"夜蝶"特效 　　　图 4-24 点击"新增特效"按钮

步骤 09 在"基础"选项卡中选择"闭幕"特效，如图 4-25 所示。

步骤 10 执行操作后，即可在视频结尾处添加"闭幕"特效，如图 4-26 所示。

图 4-25　选择"闭幕"特效

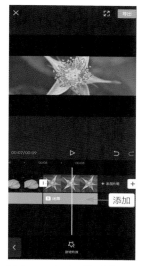

图 4-26　添加"闭幕"特效

步骤 11 点击右上角的"导出"按钮，即可导出视频预览特效，如图 4-27 所示。

图 4-27　导出并预览视频

024 胡杨特效，美到极致

下面介绍使用剪映 App 添加多重特效的具体操作方法。

步骤 01 点击"开始创作"按钮，导入一个视频素材，点击一级工具栏中的"特效"按钮，如图 4-28 所示。

步骤 02 在"基础"选项卡中选择"变彩色"特效，如图 4-29 所示。

图 4-28 点击"特效"按钮　图 4-29 选择"变彩色"特效

步骤 03 点击 ✓ 按钮，即可成功添加特效，用户可在预览区域看到画面色彩从灰色变成彩色的视频效果，视频轨道下面也会出现一段特效轨道，如图 4-30 所示。

步骤 04 点击 ◀ 按钮返回，再点击"新增特效"按钮，如图 4-31 所示。

图 4-30 成功添加特效　图 4-31 点击"新增特效"按钮

步骤 05 执行操作后，切换至"梦幻"选项卡，选择"火光"特效，即可在预览区域看到火光和红色烟雾的视频效果，如图 4-32 所示。

步骤 06 点击 ✔ 按钮，即可看到两个特效叠加在轨道上，如图 4-33 所示。

图 4-32　选择"火光"特效　　　　图 4-33　两个特效叠加在轨道上

步骤 07 依次点击 ◀ 按钮和 ▶ 按钮，再点击工具栏中的"画中画"按钮，如图 4-34 所示。

步骤 08 点击"新增画中画"按钮，进入"照片视频"界面，再选择一个新的视频素材添加到视频轨道中，如图 4-35 所示。

图 4-34　点击"画中画"按钮　　　　图 4-35　添加新的素材至视频轨道中

步骤 09 依次点击 ◀ 按钮和 ◀ 按钮，再点击"特效"按钮，点击"新增特效"按钮，切换至"梦幻"选项卡中，选择"雪花细闪"特效，如图 4-36 所示。

步骤 10 点击 ✓ 按钮，即可将特效添加到视频中，再点击下方工具栏中的"作用对象"按钮，如图 4-37 所示。

图 4-36 选择"雪花细闪"特效　　图 4-37 点击"作用对象"按钮

步骤 11 执行操作后，选择"画中画"选项，如图 4-38 所示。

步骤 12 点击 ✓ 按钮，即可在时间区域看到多重特效，如图 4-39 所示。

图 4-38 选择"画中画"选项　　图 4-39 多重特效

025　人物特效，瞬间霸屏

下面介绍制作能够瞬间霸屏朋友圈的人物短视频特效的具体操作方法。

步骤 01 在剪映 App
中导入一张照片素材，
将时长设置为 8s，如
图 4-40 所示。

步骤 02 拖曳时间轴
至 3s 位置，点击"分
割"按钮，将视频分
成两段，如图 4-41
所示。

图 4-40　时长设置为 8s　　图 4-41　视频分成两段

步骤 03 选中后段照
片，点击"动画"按钮，
在"动画"菜单中选
择"组合动画"选项，
如图 4-42 所示。

步骤 04 执 行 操 作
后，打开"组合动画"
的预设菜单列表，在
其中找到并选择"缩
放"动画，如图 4-43
所示。

图 4-42　选择"组合动画"选项　图 4-43　选择"缩放"动画

步骤 05 执行操作后，返回一级工具栏，点击"特效"按钮，如图 4-44 所示。

步骤 06 进入"特效"界面后，在"基础"选项卡中选择"模糊"特效，如图 4-45 所示。

图 4-44　点击"特效"按钮　　　图 4-45　选择"模糊"特效

步骤 07 点击✔按钮返回，拖曳"模糊"特效轨道右侧的白色拉杆，调整特效的持续时间与前段视频一致，如图 4-46 所示。

步骤 08 点击■按钮返回，拖曳时间轴至后段视频的起始位置，再点击"新增特效"按钮，切换至"梦幻"选项卡，选择"心河"特效，如图 4-47 所示。

图 4-46　调整特效的持续时间　　　图 4-47　选择"心河"特效

步骤 09 点击✓按钮返回，拖曳"心河"特效轨道右侧的白色拉杆，调整特效的持续时间与后段视频一致，如图 4-48 所示。

步骤 10 点击█按钮返回，点击"音频"按钮，导入一段适合的背景音乐，如图 4-49 所示。

图 4-48　调整特效的持续时间　　　　图 4-49　导入背景音乐

步骤 11 执行操作后，拖曳时间轴至视频结尾处，点击"分割"按钮，如图 4-50 所示。

步骤 12 分割音频后，选中后段音频，点击"删除"按钮，即可删除多余的音频，如图 4-51 所示。

图 4-50　点击"分割"按钮　　　　图 4-51　删除多余音频

步骤 13 点击右上角的"导出"按钮，导出并预览视频，效果如图 4-52 所示。

图 4-52 预览视频效果

第 5 章

8 种转场，效果惊奇

学前提示

　　剪映 App 中包含大量的转场效果，用户在制作短视频和 Vlog 时，可根据不同场景的需要，添加合适的转场效果，让视频素材之间的过渡更加自然、流畅。本章将介绍 8 种常用的转场效果，让你的短视频产生更强的视觉冲击力。

026 转场效果，多种多样

在剪映 App 中导入两个视频素材，点击两个视频片段中间的 I 图标，如图 5-1 所示。执行操作后，进入"转场"界面，其中"基础转场"选项卡中有叠化、闪黑、闪白和色彩溶解等转场预设，如图 5-2 所示。

图 5-1　点击相应图标　　图 5-2　"基础转场"选项卡

切换至"运镜转场"选项卡，其中有推近、拉远、顺时针旋转和逆时针旋转等转场预设，如图 5-3 所示。切换至"幻灯片"选项卡，其中有翻页、回忆、回忆 II 和立方体等转场预设，如图 5-4 所示。

图 5-3　"运镜转场"选项卡　　图 5-4　"幻灯片"选项卡

　　切换至"特效转场"选项卡，其中有雪花故障、故障、色差故障和放射等转场预设，如图 5-5 所示。切换至"遮罩转场"选项卡，其中有圆形遮罩、圆形遮罩Ⅱ、星星和星星Ⅱ等转场预设，如图 5-6 所示。

图 5-5　"特效转场"选项卡　　　　图 5-6　"遮罩转场"选项卡

　　例如，选择"运镜转场"选项卡中的"推近"转场效果，如图 5-7 所示。拖曳预设下方的白色圆圈滑块，还可对转场时长进行设置，如图 5-8 所示。

图 5-7　选择"推近"转场效果　　　　图 5-8　设置转场时长

点击"导出"按钮即可导出，看到在第一个场景中通过推镜头的运镜方式拉近画面，然后快速切换到第二个场景中，让观众产生视觉前移的效果，如图 5-9 所示。

图 5-9　预览视频效果

O27　添加转场，流畅自然

下面介绍使用剪映 App 为短视频添加和修改转场效果的操作方法。

步骤 01 在剪映 App 中打开一个剪辑草稿，点击两个视频片段中间的Ⅰ图标，如图 5-10 所示。

步骤 02 执行操作后，进入"转场"界面，如图 5-11 所示。

图 5-10　点击相应图标

图 5-11　进入"转场"界面

步骤 03 切换至"特效转场"选项卡，选择"放射"转场效果，如图 5-12 所示。

步骤 04 适当向右拖曳"转场时长"滑块，可调整转场效果的持续时间，如图 5-13 所示。

图 5-12　选择"放射"转场效果

图 5-13　调整转场时长

步骤 05 依次点击"应用到全部"按钮和✓按钮，确认添加转场效果，分别点击第二个视频片段和第三个视频片段中间的⋈图标，如图 5-14 所示。

步骤 06 切换至"特效转场"选项卡，选择"炫光"转场效果，如图 5-15 所示。

图 5-14　添加转场效果

图 5-15　选择"炫光"转场效果

步骤 07 点击 ✓ 按钮，即可修改转场效果，点击右上角的"导出"按钮，导出并预览视频，效果如图 5-16 所示。

图 5-16　导出并预览视频

028　动画效果，动感十足

在剪映 App 中导入一段视频素材后，选中视频素材，点击下方工具栏中的"动画"按钮，如图 5-17 所示。进入"动画"菜单后，可以看到有"入场动画""出场动画"和"组合动画"3 个选项，如图 5-18 所示。

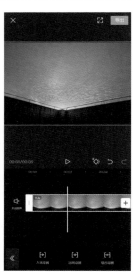

图 5-17　点击"动画"按钮　　图 5-18　"动画"菜单

点击"入场动画"选项，进入该菜单后，可以看到有渐显、轻微放大、放大和缩小等动画预设，如图 5-19 所示。例如，找到并选择"动感缩小"动画效果，可以看到画面慢慢缩小的效果，如图 5-20 所示。

图 5-19 "入场动画"菜单　　　　图 5-20 选择"动感缩小"动画效果

拖曳"动画时长"右侧的白色圆圈滑块，可根据需要适当调整动画的持续时长，如图 5-21 所示。点击 ✓ 按钮，返回"动画"菜单，点击"出场动画"选项，进入该菜单后，可以看到有渐隐、轻微放大、放大和缩小等动画效果，如图 5-22 所示。

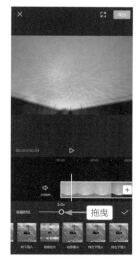

图 5-21 调整动画的持续时长　　　　图 5-22 "出场动画"菜单

　　例如，找到并选择"漩涡旋转"动画效果，可以看到画面先慢慢旋转，然后画面中间出现漩涡效果，如图 5-23 所示。拖曳"动画时长"右侧的白色圆圈滑块，也可适当调整"漩涡旋转"动画的持续时长，如图 5-24 所示。

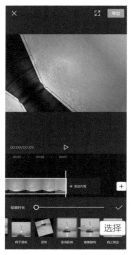
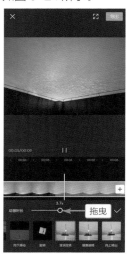

图 5-23　选择"漩涡旋转"动画效果　　图 5-24　调整动画的持续时长

　　点击 ✓ 按钮，返回"动画"菜单，点击"组合动画"选项，进入该菜单后，可以看到有旋转降落、降落旋转、旋转缩小和缩小旋转等动画效果，如图 5-25 所示。例如，找到并选择"旋转回吸"动画效果，可以看到画面先旋转一圈，中间再出现一个往里面收缩的效果，如图 5-26 所示。

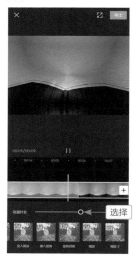

图 5-25　"组合动画"菜单　　　　图 5-26　选择"旋转回吸"动画效果

029　添加动画，无缝转场

下面介绍使用剪映 App 为短视频添加动画效果的操作方法。

步骤 01 在剪映 App 中导入 3 个视频素材，点击选中相应的视频片段，如图 5-27 所示。

步骤 02 进入视频片段的"剪辑"界面，点击底部的"动画"按钮，如图 5-28 所示。

步骤 03 调出"动画"菜单，在其中选择"降落旋转"动画效果，如图 5-29 所示。

步骤 04 根据需要适当向右拖曳白色的圆圈滑块，调整"动画时长"选项，如图 5-30 所示。

图 5-27　选择相应视频片段　　图 5-28　点击"动画"按钮

图 5-29　选择"降落旋转"动画效果　　图 5-30　调整"动画时长"选项

步骤 05 选择第二段视频，添加"抖入放大"动画效果，如图 5-31 所示。

步骤 06 选择第三段视频，添加"向右下甩入"动画效果，如图 5-32 所示。

图 5-31 添加"抖入放大"动画效果　　图 5-32 添加"向右下甩入"动画效果

步骤 07 点击 ✓ 按钮，确认添加多个动画效果，并点击右上角的"导出"按钮，导出可以看到随着动画效果的出现，视频也完成了场景的转换，从而实现无缝转场效果，如图 5-33 所示。

图 5-33 导出并预览视频

030　拉镜效果，炫酷转场

下面介绍使用剪映 App 制作拉镜效果的具体操作方法。

步骤 01 点击"开始创作"按钮，❶导入两个视频素材，点击选中第一段视频素材；❷点击下方工具栏中的"动画"按钮，如图 5-34 所示。

步骤 02 进入"动画"菜单后，选择"组合动画"选项，如图 5-35 所示。

图 5-34　点击"动画"按钮　　　图 5-35　选择"组合动画"选项

步骤 03 执行操作后，选择"降落旋转"动画效果，如图 5-36 所示。

步骤 04 点击✓按钮后，❶点击选中第二段视频素材；❷选择"组合动画"选项，如图 5-37 所示。

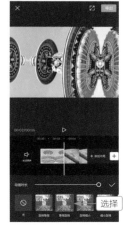
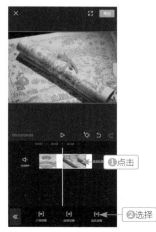

图 5-36　选择"降落旋转"动画效果　　　图 5-37　选择"组合动画"选项

步骤 05 执行操作后，选择"旋转降落"动画效果，如图 5-38 所示。

步骤 06 点击 ✓ 按钮后，点击两段视频中间的 | 图标，如图 5-39 所示。

图 5-38 选择"旋转降落"动画效果　　图 5-39 点击相应图标

步骤 07 进入"转场"界面后，切换至"运镜转场"选项卡，如图 5-40 所示。

步骤 08 向左滑动转场效果，找到并选择"向左"转场效果，如图 5-41 所示。

图 5-40 切换至"运镜转场"选项卡　　图 5-41 选择"向左"转场效果

步骤 09 点击☑按钮，拉镜效果即可完成。点击"导出"按钮，预览视频效果，如图 5-42 所示。

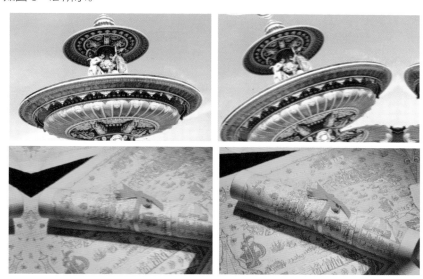

图 5-42　导出并预览视频

031 扫屏效果，高级流畅

下面介绍使用剪映 App 制作扫屏效果的具体操作方法。

步骤 01 在剪映 App 中，点击"开始创作"按钮，❶选择两段视频素材，前一段素材是未调色的，后一段素材是调过色的；❷点击"添加"按钮，如图 5-43 所示。

步骤 02 添加视频素材后，点击两个视频片段中间的Ｉ图标，如图 5-44 所示。

图 5-43　添加视频素材

图 5-44　点击相应图标

步骤 **03** 调出"转场"菜单，向左滑动"基础转场"预设，找到并选择"向右擦除"转场效果，如图 5-45 所示。

步骤 **04** 向右拖曳白色圆圈滑块，将"转场时长"设置为 1.5s，如图 5-46 所示。

图 5-45　选择"向右擦除"转场效果　　图 5-46　设置"转场时长"

步骤 **05** 执行操作后，点击"导出"按钮，即可预览视频效果，如图 5-47 所示。

图 5-47　预览视频效果

032　改变动画，增加创意

　　下面介绍在剪映
App 中改变动画效果
的具体操作方法。

步骤 01 在剪映 App
中打开一个剪辑草稿，
选中第一段视频素材，
点击"动画"按钮，
如图 5-48 所示。

步骤 02 进入"动画"
菜单，点击"组合动画"
选项，选择"降落旋转"
动画效果，如图 5-49
所示。

图 5-48　点击"动画"按钮　　图 5-49　选择"降落旋转"
　　　　　　　　　　　　　　　　　　动画效果

步骤 03 点击✔按钮
返回，选中第二段视
频素材，点击"组合
动画"选项，选择"旋
转缩小"动画效果，
如图 5-50 所示。

步骤 04 点击✔按钮
确认后，返回一级工
具栏，第一段视频素
材中的"降落旋转"
动画包括降落和旋转
两个动画。用户如果
不想要旋转的动画，
可把时间轴拖曳至降
落回正的位置，然后
点击"画中画"按钮，
如图 5-51 所示。

图 5-50　选择"旋转缩小"　　图 5-51　点击"画中画"
　　　　　动画效果　　　　　　　　　　按钮

步骤 05 在"画中画"二级工具栏中，点击"新增画中画"按钮，再选择添加一次上一条视频轨道中的第一段视频素材，如图 5-52 所示。

步骤 06 执行操作后，将新添加的视频画面放大至满屏，视频轨道与第一段视频结尾处对齐，如图 5-53 所示。

图 5-52　添加一段同样的视频素材　　图 5-53　放大画面并对齐视频轨道

步骤 07 执行操作后，第一段视频素材便没有旋转的动画效果，如图 5-54 所示。

步骤 08 如果用户想在第一段视频素材的结尾处再添加一个动画，只需选中画中画的视频素材，点击"动画"按钮，在"动画"菜单中选择"出场动画"选项，再选择"轻微放大"动画效果，如图 5-55 所示。

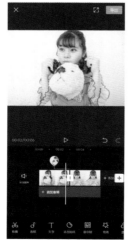

图 5-54　预览没有旋转的动画效果　　图 5-55　选择"轻微放大"动画效果

步骤 09 执行操作后，点击右上角的"导出"按钮，即可导出并预览视频，效果如图 5-56 所示。

图 5-56　导出并预览视频

033　若隐若现，神奇效果

制作人物若隐若现的视频，首先需要拍摄两段视频素材，第一段视频素材需要固定手机位置，拍摄一段人物走路的视频，如图 5-57 所示。第二段视频素材同样固定手机的位置不变，拍摄一个没有人物的场景，如图 5-58 所示。

图 5-57　拍摄一段人物走路的视频

图 5-58 拍摄一个没有人物的场景

下面介绍在剪映 App 中制作人物若隐若现视频的具体操作方法。

步骤 01 在剪映 App 中按顺序添加拍好的视频素材，如图 5-59 所示。

步骤 02 ❶拖曳时间轴至人物走路视频的中间位置；❷选中视频，点击"分割"按钮，如图 5-60 所示。

图 5-59 添加视频素材

图 5-60 点击"分割"按钮

步骤 03 执行操作后，人物走路的视频素材被分成了两部分，将空镜头视频素材移动至中间位置，如图 5-61 所示。

步骤 04 ❶选中第一段人物走路的视频素材；❷点击下方工具栏中的"变速"按

钮，如图 5-62 所示。

图 5-61　将空镜头视频素材移至中间位置　　图 5-62　点击"变速"按钮

步骤 05 选择"常规变速"选项，进入"变速"界面，拖曳红色圆圈滑块，将视频播放速度设置为 0.5x，如图 5-63 所示。

步骤 06 点击 ✓ 按钮返回，将另一段人物走路的视频素材的播放速度也设置为 0.5x，如图 5-64 所示。

图 5-63　设置视频的播放速度　　　图 5-64　设置另一段视频的播放速度

步骤 07 操作完成后，点击 ✓ 按钮返回，点击前两个视频片段中间的 |I| 图标，如图 5-65 所示。

步骤 08 进入"转场"界面后，在"基础转场"选项卡中选择"叠化"转场效果，如图 5-66 所示。

步骤 09 执行操作后，拖曳白色圆圈滑块，将"转场时长"设置为 2.5s，如图 5-67 所示。

图 5-65　点击相应图标　　图 5-66　选择"叠化"转场效果

步骤 10 点击 ✓ 按钮返回，再点击另外一个 |I| 图标，也添加"叠化"转场效果，添加完成后，视频轨道上会显示添加了两个转场效果，如图 5-68 所示。

图 5-67　设置"转场时长"选项　　图 5-68　显示添加了两个转场效果

步骤 11 点击"导出"按钮，即可预览视频效果，如图 5-69 所示。

图 5-69　导出并预览视频

第 6 章

8 种字幕，彰显个性

学前提示

　　我们在刷短视频的时候，常常可以看到很多短视频中都添加了字幕效果，或用于歌词，或用于语音解说，让观众在短短几秒内就能看懂更多视频内容，同时这些文字还有助于观众记住发布者要表达的信息，吸引他们点赞和关注。

034 添加文字，快速了解

　　剪映 App 除了能够自动识别和添加字幕外，用户也可以使用它为自己拍摄的短视频添加合适的文字内容，下面介绍具体的操作方法。

步骤 01 打开剪映App，在主界面中点击"开始创作"按钮，如图 6-1 所示。

步骤 02 进入"照片视频"界面，❶选择合适的视频素材；❷点击"添加"按钮，如图6-2所示。

图 6-1　点击"开始创作"按钮

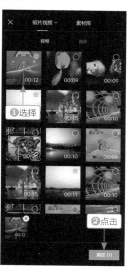

图 6-2　选择合适的视频素材

步骤 03 执行操作后，即可打开该视频素材，点击"文字"按钮，如图 6-3 所示。

步骤 04 进入"文字"界面，用户可以长按文本框，选择粘贴文字来快速输入，如图 6-4 所示。

图 6-3　点击"文字"按钮

图 6-4　进入"文字"界面

步骤 05 在文本框中输入符合短视频主题的文字内容，如图6-5所示。

步骤 06 点击右下角的 ✓ 按钮确认，即可添加文字，在预览区域中按住文字素材并拖曳，即可调整文字的位置，如图6-6所示。

图 6-5 输入文字　　图 6-6 调整文字的位置

035 文字样式，宋体效果

剪映App中提供了多种文字样式，用户可以根据自己的视频风格选择合适的文字样式，下面介绍具体的操作方法。

步骤 01 以上一例效果为例，拖曳文字轨道右侧的白色拉杆，即可调整文字在画面中出现的时间和持续时长，如图6-7所示。

步骤 02 点击文本框右上角的 ✎ 按钮，进入"样式"界面，选择相应的字体样式，如选择"宋体"字体样式，如图6-8所示。

图 6-7 调整文字的持续时长　图 6-8 选择"宋体"字体样式

步骤 03 字体下方为描边样式,用户可以选择相应的样式模板快速应用描边效果,如图 6-9 所示。

步骤 04 同时,用户也可以点击底部的"描边"选项,切换至该选项卡,在其中也可以设置描边的颜色和粗细度参数,如图 6-10 所示。

图 6-9　应用描边效果

图 6-10　设置描边效果

步骤 05 切换至"阴影"选项卡,在其中可以设置文字阴影的颜色和透明度,添加阴影效果,让文字显得更为立体,如图 6-11 所示。

步骤 06 切换至"字间距"选项卡,用户可以拖曳滑块,调整文本框中的字间距效果,如图 6-12 所示。

图 6-11　添加阴影效果

图 6-12　调整字间距

步骤 07 切换至"对齐"选项卡，用户可以在此选择左对齐、水平居中对齐、右对齐、垂直上对齐、垂直居中对齐和垂直下对齐等多种对齐方式，让文字的排列更加错落有致，如图 6-13 所示。

步骤 08 点击右上角的"导出"按钮，导出视频后，即可预览文字效果，如图 6-14 所示。

图 6-13 设置对齐方式

图 6-14 预览文字效果

036 花字功能，选择多多

用户在为短视频添加标题时，可以使用剪映 App 的"花字"功能来制作，下面介绍具体的方法。

步骤 01 在剪映 App 中导入一个视频素材，点击左下角的"文字"按钮，如图 6-15 所示。

步骤 02 进入"文字"界面，点击"新建文本"按钮，如图 6-16 所示。

图 6-15 点击"文字"按钮

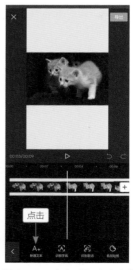

图 6-16 点击"新建文本"按钮

步骤 03 在文本框中输入符合短视频主题的文字内容，如图 6-17 所示。

步骤 04 ❶在预览区域中按住文字素材并拖曳，调整文字的位置；❷在界面下方切换至"花字"选项卡，如图 6-18 所示。

图 6-17　输入文字

图 6-18　调整文字的位置

步骤 05 在"花字"选项区中选择相应的花字样式，即可快速为文字应用"花字"效果，如图 6-19 所示。

图 6-19　应用"花字"效果

步骤 06 这里选择一个与背景色相似的"花字"样式效果，如图 6-20 所示。

步骤 07 按住文本框右下角的 ▣ 按钮并拖曳，即可调整文字的大小，效果如图 6-21 所示。

图 6-20 选择"花字"样式　　　图 6-21 调整文字的大小

步骤 08 点击右下角的 ✔ 按钮确认，即可添加"花字"文本。点击"导出"按钮导出视频并预览效果，如图 6-22 所示。

图 6-22 预览视频效果

037　气泡文字，有趣好玩

剪映 App 中提供了丰富的气泡文字模板，能够帮助用户快速制作出精美的短视频文字效果，下面介绍具体的操作方法。

步骤 01 在剪映 App 中导入一个视频素材，点击底部的"文字"按钮，如图6-23所示。

步骤 02 进入"文字"界面，点击"新建文本"按钮，如图6-24所示。

图 6-23　点击"文字"　　　图 6-24　点击"新建文本"
　　　　　　按钮　　　　　　　　　　　　按钮

步骤 03 执行操作后，进入"文本编辑"界面，点击"气泡"标签，如图 6-25 所示。

步骤 04 执行操作后，切换至"气泡"选项卡，下方显示了很多气泡文字模板，如图 6-26 所示。

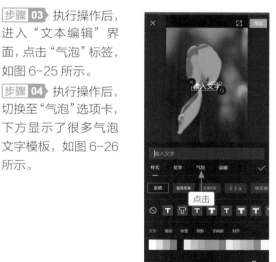

图 6-25　点击"气泡"标签　　图 6-26　切换至"气泡"
　　　　　　　　　　　　　　　　　　　　选项卡

步骤 05 点击相应的气泡文字模板，即可在预览窗口中应用相应的气泡文字，效果如图 6-27 所示。

步骤 06 在文本框中输入相应的文字内容，如图 6-28 所示。

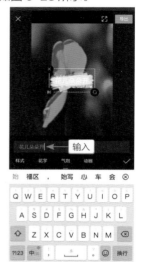

图 6-27　选择气泡文字模板　　　　　图 6-28　输入文字内容

步骤 07 切换至"样式"选项卡，设置相应的文字样式效果，如图 6-29 所示。

步骤 08 切换至"气泡"选项卡，选择相应的气泡文字模板，即可更换模板效果，如图 6-30 所示。

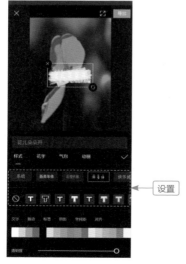

图 6-29　设置文字样式　　　　　图 6-30　更换模板效果

步骤 **09** 用户可以在其中多尝试一些模板，找到最为合适的气泡文字模板效果，如图 6-31 所示。

图 6-31　更换气泡文字模板效果

步骤 **10** 点击✅按钮确认，添加气泡文字，如图 6-32 所示。

步骤 **11** 点击"导出"按钮导出视频，预览视频效果，如图 6-33 所示。

图 6-32　添加气泡文字　　　　　　图 6-33　预览视频效果

O38 识别字幕，准确高效

剪映 App 的识别字幕功能准确率非常高，能够帮助用户快速识别并添加与视频时间对应的字幕轨道，提升制作短视频的效率，下面介绍具体的操作方法。

步骤 **01** 在剪映 App 中导入一个视频素材，点击"文字"按钮，如图 6-34 所示。

步骤 **02** 进入"文字"界面，点击"识别字幕"按钮，如图 6-35 所示。

图 6-34 点击"文字"按钮　　图 6-35 点击"识别字幕"按钮

步骤 **03** 执行操作后，弹出"自动识别字幕"对话框，点击"开始识别"按钮，如图 6-36 所示。如果视频中本身存在字幕，可以选中"同时清空已有字幕"单选按钮，快速清除原来的字幕。

步骤 **04** 执行操作后，软件开始自动识别视频中的语音内容，如图 6-37 所示。

图 6-36 点击"开始识别"按钮　　图 6-37 自动识别语音

步骤 05 稍等片刻，即可完成字幕识别，并自动生成对应的字幕轨道，效果如图 6-38 所示。

步骤 06 拖曳时间轴，可以查看字幕效果，如图 6-39 所示。

图 6-38　生成字幕轨道　　　　　　　图 6-39　查看字幕效果

步骤 07 在时间线区域选择相应的字幕轨道，并在预览区域适当调整文字的大小，如图 6-40 所示。

步骤 08 点击"样式"按钮，还可以设置字幕的字体样式、描边、阴影和对齐方式等选项，如图 6-41 所示。

图 6-40　调整文字的大小　　　　　　图 6-41　设置字幕样式

步骤 09 切换至"气泡"选项卡，为字幕添加一个气泡边框效果，突出字幕内容，如图 6-42 所示。

步骤 10 点击 ✓ 按钮，确认添加气泡文字效果，如图 6-43 所示。

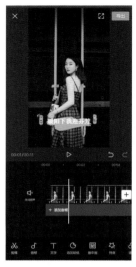

图 6-42　添加气泡边框效果　　　　图 6-43　添加字幕效果

步骤 11 点击"导出"按钮，导出视频，预览视频效果，如图 6-44 所示。

图 6-44　预览视频效果

039　识别歌词，KTV效果

　　除了识别短视频字幕外，剪映 App 还能够自动识别短视频中的歌词内容，非常方便地为背景音乐添加动态歌词效果，下面介绍具体的操作方法。

步骤 01　在剪映 App 中导入一个视频素材，点击"文字"按钮，如图 6-45 所示。

步骤 02　进入"文字"界面，点击"识别歌词"按钮，如图6-46所示。

图 6-45　点击"文字"按钮　　图 6-46　点击"识别歌词"按钮

步骤 03　执行操作后，弹出"识别歌词"对话框，点击"开始识别"按钮，如图 6-47 所示。

步骤 04　执行操作后，软件开始自动识别视频背景音乐中的歌词内容，如图6-48所示。

图 6-47　点击"开始识别"按钮　　图 6-48　开始识别歌词

专家提醒

如果视频中本身存在歌词，可以选中"同时清空已有歌词"单选按钮，快速清除原来的歌词内容。

步骤 05 稍等片刻，即可完成歌词识别，并自动生成歌词轨道，如图 6-49 所示。

步骤 06 拖曳时间轴，可以查看歌词效果，选中相应歌词，点击"样式"按钮，如图 6-50 所示。

图 6-49 生成歌词轨道

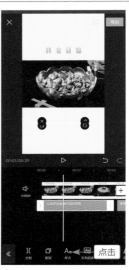

图 6-50 点击"样式"按钮

步骤 07 切换至"动画"选项卡，为歌词添加一个"卡拉OK"的入场动画效果，如图 6-51 所示。

步骤 08 采用同样的操作方法，为其他歌词添加动画效果，如图 6-52 所示。

图 6-51 设置入场动画效果

图 6-52 添加动画效果

步骤 09 点击"导出"按钮导出视频，预览视频效果，如图 6-53 所示。

图 6-53　预览视频效果

040　文本朗读，轻松转换

剪映 App 的"文本朗读"功能能够自动将短视频中的文字内容转换为语音，提升观众的观看体验。下面介绍将文字转语音的操作方法。

步骤 01 在剪映 App 中导入一个视频素材，点击"文字"按钮，如图 6-54 所示。

步骤 02 进入"文字"界面，点击选中相应的字幕轨道，如图 6-55 所示。

图 6-54　点击"文字"按钮　　　　图 6-55　点击字幕轨道

步骤 03 执行操作后，进入该字幕的编辑界面，点击底部的"样式"按钮，如图 6-56 所示。

步骤 04 执行操作后，进入"样式"编辑界面，如图 6-57 所示。

图 6-56　点击"样式"按钮　　　　图 6-57　进入"样式"编辑界面

步骤 05 拖曳底部的"透明度"滑块，将字幕的"透明度"调到最低，隐藏视频中的字幕效果，如图 6-58 所示。

步骤 06 点击✔按钮返回，并点击"文本朗读"按钮，如图 6-59 所示。

图 6-58 调整"透明度"选项   图 6-59 点击"文本朗读"按钮

步骤 07 执行操作后，弹出"识别文本中"对话框，开始自动识别和转化文字为语音，如图 6-60 所示。

步骤 08 稍等片刻，即可识别成功，此时字幕轨道的上方会出现一条蓝色的线条，说明自动添加了音频，如图 6-61 所示。

图 6-60 识别文本   图 6-61 显示蓝色线条

步骤 **09** 点击左下角的 ⟨ 按钮，返回主界面，可以在时间线区域看到生成的音频轨道，如图 6-62 所示。

步骤 **10** 采用同样的操作方法，将其他字幕转化为音频，如图 6-63 所示。

图 6-62　生成音频图层　　　　　　图 6-63　转化其他字幕为音频

步骤 **11** 点击"导出"按钮，导出视频，预览视频效果，如图 6-64 所示。

图 6-64　预览视频效果

041 字幕贴纸，紧跟潮流

剪映 App 能够直接给短视频添加字幕贴纸效果，让短视频画面更加精彩、有趣，吸引大家的目光，下面介绍具体的操作方法。

步骤 01 在剪映 App 中导入一个视频素材，点击"文字"按钮，如图 6-65 所示。

步骤 02 进入"文字"界面，点击"添加贴纸"按钮，如图 6-66 所示。

图 6-65 点击"文字"按钮 　　图 6-66 点击"添加贴纸"按钮

步骤 03 执行操作后，进入"添加贴纸"界面，下方窗口中显示了丰富的贴纸模板，如图 6-67 所示。

步骤 04 选择相应的贴纸模板，即可自动添加到视频画面中，如图 6-68 所示。

图 6-67 "添加贴纸"界面 　　图 6-68 添加贴纸

步骤 05 切换至"字体"选项卡，在其中选择一个与视频主题对应的文字贴纸，如图 6-69 所示。

步骤 06 点击 ✓ 按钮，添加贴纸效果，并生成对应的贴纸轨道，如图 6-70 所示。

图 6-69　添加文字贴纸　　　　图 6-70　生成贴纸轨道

步骤 07 在时间线区域中选择文字贴纸轨道，调整其持续时间和起始位置，如图 6-71 所示。

步骤 08 点击"动画"按钮，设置"入场动画"为"旋入"的动画效果，如图 6-72 所示。

图 6-71　调整贴纸图层　　　　图 6-72　选择"旋入"动画效果

步骤 09 点击"出场动画"标签，切换至该选项卡，选择"旋出"动画效果，如图 6-73 所示。

步骤 10 点击"循环动画"标签，切换至该选项卡，选择"心跳"动画效果，如图 6-74 所示。

图 6-73　选择"旋出"动画效果　　　图 6-74　选择"心跳"动画效果

步骤 11 点击 ✓ 按钮，为贴纸添加动画效果，点击"导出"按钮导出视频，预览视频效果，如图 6-75 所示。

图 6-75　预览视频效果

第 7 章

5 种字效，画龙点睛

学前提示

　　多使用字幕特效，能够让观众更加清晰地了解视频所要讲述的内容。本章将介绍 5 种字幕效果的制作方法，帮助读者快速掌握字幕的使用技巧。

042　动画文字，新颖火爆

下面介绍使用剪映 App 制作视频动画文字效果的操作方法。

步骤 01 在剪映 App 中导入一个视频素材，点击"文字"按钮，如图 7-1 所示。

步骤 02 进入"文字"界面，点击"新建文本"按钮，如图 7-2 所示。

图 7-1　点击"文字"按钮　　图 7-2　点击"新建文本"按钮

步骤 03 在文本框中输入相应的文字内容，如图 7-3 所示。

步骤 04 切换至"花字"选项卡，在下方的选项区中选择一个合适的花字样式模板，让短视频的文字主题更加突出，如图 7-4 所示。

图 7-3　输入文字内容　　图 7-4　选择花字样式

步骤 05 ▶ 切换至"动画"选项卡，在"入场动画"选项区中选择"卡拉 OK"动画效果，如图 7-5 所示。

步骤 06 ▶ 拖曳底部的 ➡ 图标，适当调整入场动画的持续时间，如图 7-6 所示。

图 7-5　选择"卡拉 OK"动画效果　　图 7-6　调整入场动画的持续时间

步骤 07 ▶ 在"出场动画"选项区中选择"缩小"动画效果，并适当调整动画的持续时间，如图 7-7 所示。

步骤 08 ▶ 设置"循环动画"为"跳动"效果，并调整快慢选项，如图 7-8 所示。

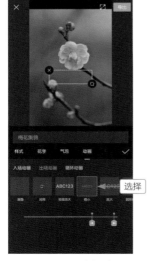 

图 7-7　设置出场动画　　　　　图 7-8　设置循环动画

步骤 09 点击✅按钮确认添加动画文字，点击"导出"按钮导出视频，预览视频效果，如图 7-9 所示。

图 7-9　预览视频效果

043 镂空文字，炫酷片头

下面介绍使用剪映 App 制作短视频片头镂空文字效果的操作方法。

步骤 01 在剪映 App 中导入一个纯黑色视频素材，点击"文字"按钮，如图 7-10 所示。

步骤 02 进入"文字"界面，点击文字二级工具栏中的"新建文本"按钮，如图 7-11 所示。

步骤 03 执行操作后，进入"样式"编辑界面，在文本框中输入相应的文字内容，如图 7-12 所示。

步骤 04 在下方选择"宋体"字体样式，设置合适的描边参数，如图 7-13 所示。

图 7-10　点击"文字"按钮

图 7-11　点击"新建文本"按钮

图 7-12　输入文字内容

图 7-13　选择"宋体"字体样式

步骤 05 将文字视频导出，并导入一个背景视频素材，点击"画中画"按钮，如图 7-14 所示。

步骤 06 进入"画中画"编辑界面，点击"新增画中画"按钮，如图 7-15 所示。

图 7-14　点击"画中画"按钮　　　图 7-15　点击"新增画中画"按钮

步骤 07 ❶在"照片视频"界面选择刚刚做好的文字视频；❷点击"添加"按钮，如图 7-16 所示。

步骤 08 执行操作后，导入文字视频素材，如图 7-17 所示。

图 7-16　选择文字视频素材　　　图 7-17　导入文字视频素材

步骤 09 在视频预览区域中，调整文字视频画面的大小，使其铺满整个画面，如图 7-18 所示。

步骤 10 在时间线区域中，调整画中画轨道的长度，如图 7-19 所示。

图 7-18 调整画面大小　　　图 7-19 调整文字视频轨道的长度

步骤 11 点击"混合模式"按钮，进入其编辑界面，在其中选择"正片叠底"选项，如图 7-20 所示。

步骤 12 点 击 ✓ 按钮，即可添加"正片叠底"混合模式效果，如图 7-21 所示。

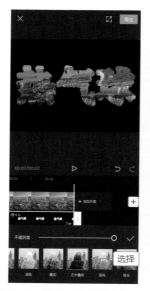 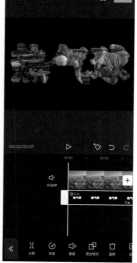

图 7-20 选择"正片叠底"选项　图 7-21 混合视频效果

点击"导出"按钮，导出视频，预览视频效果，如图 7-22 所示。

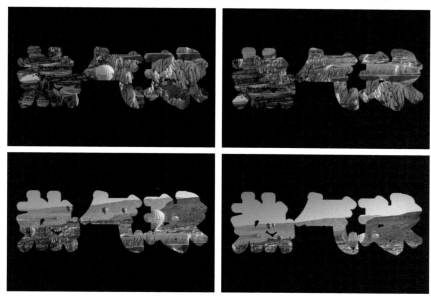

图 7-22　预览视频效果

044　打字动画，怀念时光

下面介绍使用剪映 App 制作"打字机"文字动画效果的具体操作方法。

步骤 01 在剪映 App 中导入一个视频素材，点击"特效"按钮，如图 7-23 所示。

步骤 02 执行操作后，进入"特效"界面，如图 7-24 所示。

图 7-23　点击"特效"按钮　图 7-24　进入"特效"界面

步骤 03 在"基础"选项卡中，选择"变清晰"特效，如图 7-25 所示。

步骤 04 点击✔按钮，即可应用该特效，拖曳其时间轴右侧的白色拉杆，设置特效的持续时长，如图 7-26 所示。

图 7-25 选择"变清晰"特效　　　　图 7-26 设置特效持续时长

步骤 05 返回主界面，点击"文字"按钮进入"文字"界面，点击"新建文本"按钮，如图 7-27 所示。

步骤 06 在文本框中输入相应的文字内容，如图 7-28 所示。

图 7-27 点击"新建文本"按钮　　　　图 7-28 输入文字内容

步骤 07 拖曳文本框右下角的■图标，适当调整文本框的大小和位置，效果如图 7-29 所示。

步骤 08 在"样式"选项卡中选择一个合适的字体样式，如图 7-30 所示。

图 7-29　调整文本框的大小和位置　　　图 7-30　选择合适的字体样式

步骤 09 切换至"动画"选项卡，在"入场动画"选项区中，选择"打字机 I"动画效果，如图 7-31 所示。

步骤 10 拖曳底部的■图标，调整动画效果的持续时间，如图 7-32 所示。

图 7-31　选择"打字机 I"动画效果　　图 7-32　调整动画效果的持续时间

步骤 11 点击 ✓ 按钮，添加字幕动画效果，如图 7-33 所示。

步骤 12 点击 ≪ 按钮返回主界面，点击"特效"按钮，在"光影"选项卡中选择"彩虹光 II"特效，如图 7-34 所示。

图 7-33 添加字幕动画效果　　　图 7-34 选择"彩虹光 II"特效

步骤 13 点击 ✓ 按钮添加特效，点击"导出"按钮，导出视频，预览视频效果，如图 7-35 所示。

图 7-35 预览视频效果

045　文字消散，浪漫唯美

　　下面介绍使用剪映 App 制作短视频片头文字消散效果的操作方法。

步骤 01 在剪映 App 中打开一个视频素材，点击"文字"按钮，如图 7-36 所示。

步骤 02 进入"文字"界面，点击"新建文本"按钮，如图 7-37 所示。

图 7-36　点击"文字"按钮　　图 7-37　点击"新建文本"按钮

步骤 03 在文本框中输入相应的文字内容，如图 7-38 所示。

步骤 04 点击✔按钮返回，再点击"样式"按钮，如图 7-39 所示。

图 7-38　输入文字内容　　图 7-39　点击"样式"按钮

步骤 05 执行操作后，进入"样式"编辑界面，选择一个合适的字体样式，如图 7-40 所示。

步骤 06 拖曳文本框右下角的 ⬛ 按钮，调整文本框的大小和位置，如图 7-41 所示。

图 7-40 选择字体样式　　　　　　　　图 7-41 调整文本框

步骤 07 切换至"动画"选项卡，在"入场动画"选项区中，找到并选择"向下滑动"动画效果，如图 7-42 所示。

步骤 08 拖曳底部的 🔵 图标，将动画的持续时长设置为 1.1s，如图 7-43 所示。

图 7-42 选择"向下滑动"动画效果　　图 7-43 设置动画的持续时长

步骤 09 切换至"出场动画"选项区，找到并选择"打字机 II"动画效果，如图 7-44 所示。

步骤 10 拖曳底部的 ◀ 图标，将动画的持续时长设置为 1.8s，如图 7-45 所示。

图 7-44　选择"打字机 II"动画效果　　　图 7-45　设置动画的持续时长

步骤 11 点击 ✔ 按钮返回，点击一级工具栏中的"画中画"按钮，再点击"新增画中画"按钮，添加一个粒子素材，点击下方工具栏中的"混合模式"按钮，如图 7-46 所示。

步骤 12 执行操作后，选择"滤色"选项，如图 7-47 所示。

图 7-46　点击"混合模式"按钮　　　图 7-47　选择"滤色"选项

步骤 13 点击 ✓ 按钮返回，拖曳粒子素材的视频轨道至文字下滑后停住的位置，如图 7-48 所示。

步骤 14 选中粒子素材的视频轨道后，调整视频画面的大小，使其铺满整个画面，如图 7-49 所示。

图 7-48 拖曳粒子素材　　　　图 7-49 调整粒子素材的画面大小

步骤 15 点击"导出"按钮，即可导出并预览视频效果，如图 7-50 所示。

图 7-50 预览视频效果

O46　彩色字幕，丰富多彩

下面介绍使用剪映 App 制作彩色字幕的具体操作方法。

步骤 01 在剪映 App 中打开一个视频素材，点击"文字"按钮，如图 7-51 所示。

步骤 02 进入文字二级工具栏后，点击"识别歌词"按钮，如图 7-52 所示。

步骤 03 执行操作后，弹出"识别歌词"对话框，点击"开始识别"按钮，如图 7-53 所示。

步骤 04 识别完成后，❶点击选中字幕轨道；❷点击下方工具栏中的"样式"按钮，如图 7-54 所示。

图 7-51　点击"文字"按钮

图 7-52　点击"识别歌词"按钮

图 7-53　点击"开始识别"按钮

图 7-54　点击"样式"按钮

步骤 05 进入"样式"编辑界面后，选择"宋体"字体样式，如图 7-55 所示。

步骤 06 执行操作后，点击下方的"对齐"按钮，选择合适的字幕排版形式，并对其进行适当调整，如图 7-56 所示。

图 7-55　选择"宋体"字体样式　　　　图 7-56　选择合适的字幕排版形式

步骤 07 切换至"花字"选项卡，找到并选择相应彩色花字模板，如图 7-57 所示。

步骤 08 切换至"动画"选项卡，在"入场动画"选项区中，选择"爱心弹跳"动画效果，如图 7-58 所示。

图 7-57　选择彩色花字　　　　　图 7-58　选择"爱心弹跳"动画效果

步骤 09 执行操作后，拖曳底部的 ⬤ 图标，将动画的持续时长设置为 4s，如图 7-59 所示。

步骤 10 点击 ✅ 按钮返回，按照以上操作，依次为其他字幕添加相同的动画效果，如图 7-60 所示。

拖曳

添加

图 7-59　设置动画的持续时长　　　　图 7-60　为其他字幕添加动画效果

步骤 11 点击"导出"按钮，即可导出并预览视频效果，如图 7-61 所示。

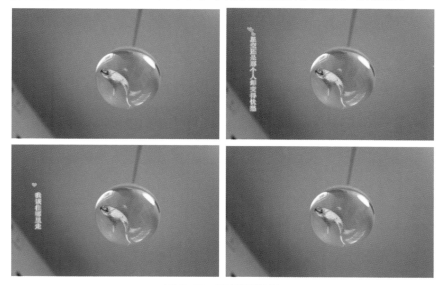

图 7-61　预览视频效果

第 8 章

7 种合成，创意无限

学前提示

　　在制作短视频的时候，用户可以在剪映 App 中使用蒙版、画中画和色度抠图等工具来制作合成特效，这样能够让短视频更加炫酷、精彩。本章将介绍 7 种剪映 App 常用的合成方法，帮助读者制作更加有吸引力的短视频。

047　蒙版界面，多种形状

在剪映 App 中导入一个视频素材，选中视频轨道，点击下方工具栏中的"蒙版"按钮，如图 8-1 所示。进入"蒙版"界面后，可以看到下方有线性、镜面、圆形、矩形、爱心和星形 6 个蒙版形状，如图 8-2 所示。

例如，❶选择"镜面"蒙版；❷单指在预览区域拖动蒙版，即可调整蒙版显示的位置，如图 8-3 所示。双指开合拖曳蒙版，可对蒙版进行缩放操作，如图 8-4 所示。

图 8-1　点击"蒙版"按钮　　图 8-2　"蒙版"界面

图 8-3　调整蒙版显示的位置　　图 8-4　缩放蒙版

双指旋转蒙版，即可让蒙版进行旋转操作，上方会显示旋转的角度数，如图 8-5 所示。拖曳 按钮，可以调整蒙版的羽化数值，让它与其他素材更加自然地融合在一起，如图 8-6 所示。

图 8-5　旋转蒙版　　　　　　　　图 8-6　调整蒙版羽化值

另外，选择"矩形"蒙版，如图 8-7 所示。拖曳蒙版左上角的 按钮，可以调节直角的圆度，如图 8-8 所示。

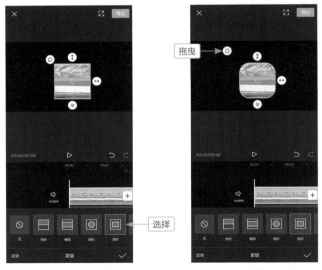

图 8-7　选择"矩形"蒙版　　　　　图 8-8　调节直角圆度

048　添加蒙版，去除水印

下面介绍使用剪映 App 中的蒙版工具去除水印的具体操作方法。

步骤 01 在剪映 App 中导入有水印的视频素材，点击一级工具栏中的"画中画"按钮，如图 8-9 所示。

步骤 02 点击"新增画中画"按钮，再次导入有水印的视频素材，如图 8-10 所示。

步骤 03 双指在预览区域放大画中画视频，使其与原视频的画面大小保持一致，如图 8-11 所示。

步骤 04 点击■按钮返回，点击"特效"按钮，如图 8-12 所示。

图 8-9　点击"画中画"按钮　　图 8-10　导入有水印的视频

图 8-11　放大画中画视频

图 8-12　点击"特效"按钮

步骤 **05** 进入"特效"界面后，在"基础"选项卡中选择"模糊"特效，如图 8-13 所示。

步骤 **06** 点击 ✓ 按钮，点击下方工具栏中的"作用对象"按钮，如图 8-14 所示。

图 8-13　选择"模糊"特效　　　　图 8-14　点击"作用对象"按钮

步骤 **07** 执行操作后，选择特效的作用对象为"画中画"选项，如图 8-15 所示。

步骤 **08** 点击 ✓ 按钮返回，❶选中画中画视频轨道；❷点击下方工具栏中的"蒙版"按钮，如图 8-16 所示。

图 8-15　选择"画中画"选项　　　　图 8-16　点击"蒙版"按钮

步骤 **09** 执行操作后，选择"矩形"蒙版，如图 8-17 所示。

步骤 **10** 执行操作后，在预览区域调整蒙版的大小和移动到水印的位置，覆盖水印，如图 8-18 所示。

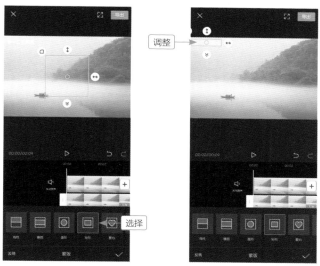

图 8-17　选择"矩形"蒙版　　　　图 8-18　调整蒙版大小和位置

步骤 **11** 采用同样的操作方法，继续添加多个"模糊"特效，点击"导出"按钮，导出并播放预览视频，效果对比如图 8-19 所示。需要注意的是，这种方法并不能完全去除水印，而且只适合浅色的水印背景画面。

图 8-19　去除水印前(左)与去除水印后(右)的效果对比

049　三屏画面，花儿朵朵

"画中画"效果是指在同一个视频中同时叠加显示多个视频的画面，下面介绍具体的制作方法。

步骤 01 在剪映 App 中导入一个视频素材，点击底部的"画中画"按钮，如图 8-20 所示。

步骤 02 进入"画中画"编辑界面，点击"新增画中画"按钮，如图 8-21 所示。

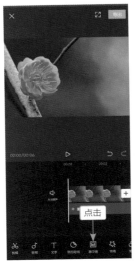

图 8-20　点击"画中画"按钮　　图 8-21　点击"新增画中画"按钮

步骤 03 进入"照片视频"界面，❶选择第二个视频；❷点击"添加"按钮，如图 8-22 所示。

步骤 04 执行操作后，即可导入第二个视频，如图 8-23 所示。

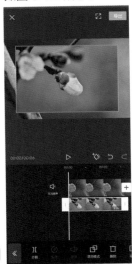

图 8-22　点击"添加"按钮　　　图 8-23　导入第二个视频

步骤 05 返回主界面，点击底部的"比例"按钮，如图 8-24 所示。

步骤 06 在"比例"菜单中选择 9：16 选项，调整屏幕比例，如图 8-25 所示。

图 8-24 点击"比例"按钮　　　　图 8-25 选择 9：16 选项

步骤 07 返回"画中画"编辑界面，选择第二个视频，在视频预览区域放大画面，并适当调整其位置，如图 8-26 所示。

步骤 08 点击"新增画中画"按钮，进入"照片视频"界面，❶选择第三个视频；❷点击"添加"按钮，如图 8-27 所示。

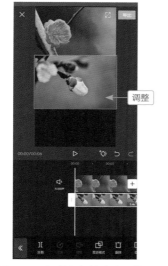

图 8-26 调整视频的大小和位置　　图 8-27 添加第三个视频

步骤 **09** 添加第三个视频，并适当调整其大小和位置，如图 8-28 所示。

步骤 **10** 在视频结尾处删除片尾，并删除多余的视频画面，将 3 个视频片段的长度调成一致，如图 8-29 所示。

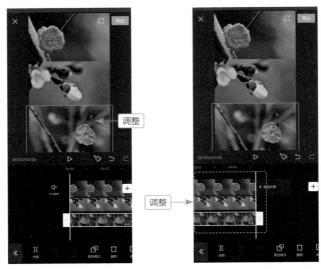

图 8-28　添加并调整视频　　　　　　　图 8-29　调整视频长度

步骤 **11** 点击右上角的"导出"按钮，即可导出视频，预览画中画视频效果，如图 8-30 所示。

图 8-30　导出并预览视频

050　视频合成，傲雪梅花

下面介绍使用剪映 App 对两个视频进行合成处理的操作方法。

步骤 01 在剪映 App 中导入一个视频素材，点击"画中画"按钮，如图 8-31 所示。

步骤 02 进入"画中画"编辑界面，点击底部的"新增画中画"按钮，如图 8-32 所示。

图 8-31　点击"画中画"按钮　　图 8-32　点击"新增画中画"按钮

步骤 03 进入"照片视频"界面，❶选择要合成的视频素材；❷点击"添加"按钮，如图 8-33 所示。

步骤 04 执行操作后，即可添加视频素材，如图 8-34 所示。

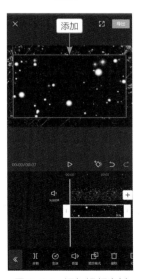

图 8-33　点击"添加"按钮　　图 8-34　添加视频素材

步骤 05 在视频预览区域中适当调整视频素材的大小和位置，如图 8-35 所示。

步骤 06 点击"混合模式"按钮，调出其菜单，选择"滤色"选项，即可合成雪景视频效果，如图 8-36 所示。

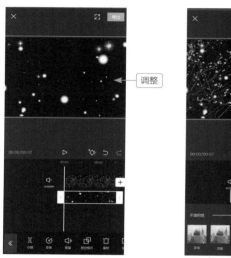

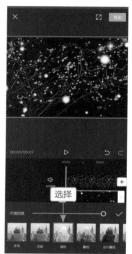

图 8-35 调整视频素材　　　　　　图 8-36 选择"滤色"选项

步骤 07 点击 ✓ 按钮添加"混合模式"效果，点击右上角的"导出"按钮，导出并预览视频，效果如图 8-37 所示。

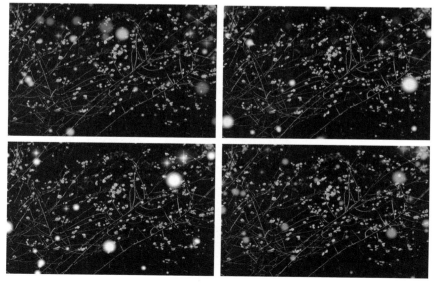

图 8-37 导出并预览视频

051 更改透明，灵魂出窍

下面介绍使用剪映 App 制作"灵魂出窍"画面特效的操作方法。

步骤 01 在剪映 App 中导入一个视频素材，点击"画中画"按钮，如图 8-38 所示。

步骤 02 进入"画中画"编辑界面，点击"新增画中画"按钮，如图 8-39 所示。

图 8-38　点击"画中画"按钮

图 8-39　点击"新增画中画"按钮

步骤 03 再次导入相同场景和机位的视频素材，如图 8-40 所示。注意，两个视频中的主体位置不要站在一起，如第一个视频中的主体站着不动，第二个视频中的主体就要向前走。

步骤 04 ❶将视频放大，使其铺满整个画面；❷点击底部的"不透明度"按钮，如图 8-41 所示。

图 8-40　导入视频素材

图 8-41　点击"不透明度"按钮

步骤 05 向右拖曳白色圆圈滑块，将"不透明度"选项的参数调整为 25，如图 8-42 所示。

步骤 06 点击 ✓ 按钮，即可合成两个视频画面，并形成"灵魂出窍"的效果，如图 8-43 所示。

图 8-42　设置"不透明度"选项

图 8-43　合成两个视频画面

052 圆形蒙版，手摇现金

在使用剪映 App 制作手机摇出现金的视频之前，用户需要拍摄两段视频素材，第一段视频素材需要拍摄人物摇晃手机的画面，如图 8-44 所示。第二段视频素材需要拍摄现金撒落的画面，如图 8-45 所示。

图 8-44　人物摇晃手机的画面

图 8-45　现金撒落的画面

　　下面介绍使用剪映 App 制作摇一摇手机变出现金的短视频的具体操作方法。

步骤 01 ▶ 在剪映 App 中导入第一段人物摇晃手机的视频素材，点击一级工具栏中的"画中画"按钮，如图 8-46 所示。

步骤 02 ▶ 执行操作后，点击"新增画中画"按钮，导入第二段现金撒落的视频素材，如图 8-47 所示。

图 8-46　点击"画中画"按钮

图 8-47　导入第二段视频素材

步骤 03 ▶ 双指在视频预览区域放大第二段视频素材的画面，使其铺满屏幕，如图 8-48 所示。

步骤 04 ❶向左拖曳时间轴至现金即将掉落的位置；❷点击"分割"按钮，如图 8-49 所示。

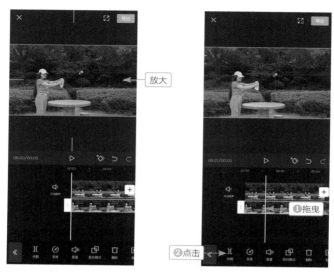

图 8-48　放大视频素材的画面　　　　图 8-49　点击"分割"按钮

步骤 05 执行操作后，点击█按钮，删除前面多余的视频素材，如图 8-50 所示。

步骤 06 点击◀按钮返回，再选中第二段视频素材，点击下方工具栏中的"蒙版"按钮，如图 8-51 所示。

图 8-50　删除多余的视频素材

图 8-51　点击"蒙版"按钮

步骤 07 进入"蒙版"界面后，选择"圆形"蒙版，如图 8-52 所示。

步骤 08 执行操作后，将蒙版拖曳到现金全部显示的位置，并调整蒙版的大小，如图 8-53 所示。

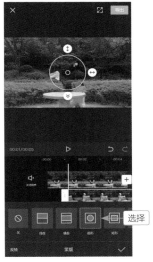

图 8-52　选择"圆形"蒙版

图 8-53　调整蒙版位置以及大小

步骤 09 点击"导出"按钮，即可看到人物摇晃手机掉出现金的视频效果，如图 8-54 所示。

图 8-54　预览视频效果

053 色度抠图，地面塌陷

　　在使用剪映 App 制作"地面塌陷，人物掉落"的短视频效果时，用户需要拍摄两段视频素材，第一段视频素材需要拍摄人物正常走路的画面，如图 8-55 所示。第二段视频素材需要保持镜头机位不变，拍摄一个没有人物的空场景，如图 8-56 所示。

图 8-55　人物正常走路的画面

图 8-56　没有人物的空场景

　　下面介绍使用剪映 App 制作人物掉进地面空洞短视频的具体操作方法。

步骤 01 在剪映 App 中导入拍好的两个视频素材，点击"画中画"按钮，如图 8-57

所示。

步骤 02 进入"画中画"编辑界面，点击"新增画中画"按钮，如图 8-58 所示。

图 8-57　点击"画中画"按钮　　　图 8-58　点击"新增画中画"按钮

步骤 03 进入"照片视频"界面，切换至"素材库"选项卡，❶找到并选择地面塌陷的绿幕素材；❷点击"添加"按钮，如图 8-59 所示。

步骤 04 执行操作后，点击下方工具栏中的"色度抠图"按钮，如图 8-60 所示。

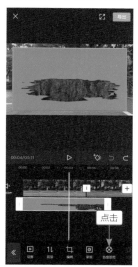

图 8-59　点击"添加"按钮　　　图 8-60　点击"色度抠图"按钮

步骤 05 进入"色度抠图"界面，拖曳预览区域中的圆圈，选择需要抠除的颜色，如图 8-61 所示。

步骤 06 选择"强度"选项，拖曳白色圆圈滑块，设置参数为88，如图 8-62 所示。

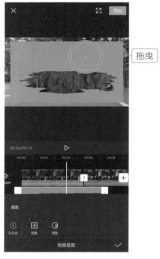

图 8-61　选择需要抠除的颜色

图 8-62　设置"强度"参数

步骤 07 选择"阴影"选项，拖曳白色圆圈滑块，设置参数为69，如图 8-63 所示。

步骤 08 点击 ✓ 按钮返回，在预览区域合理调整地面塌陷素材的大小和位置，如图 8-64 所示。

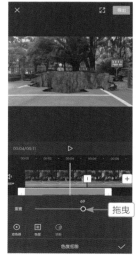

图 8-63　设置"阴影"参数

图 8-64　调整素材大小和位置

步骤 09 点击 ≪ 按钮返回，依次点击"画中画"按钮和"新增画中画"按钮，❶ 选择人物掉落的残影素材；❷ 点击"添加"按钮，如图 8-65 所示。

步骤 10 执行操作后，点击下方工具栏中的"混合模式"按钮，如图 8-66 所示。

图 8-65　点击"添加"按钮　　图 8-66　点击"混合模式"按钮

步骤 11 执行操作后，进入"混合模式"界面，选择"正片叠底"选项，如图 8-67 所示。

步骤 12 点击 ✓ 按钮返回，在预览区域中将残影素材拖曳至人物下方，如图 8-68 所示。

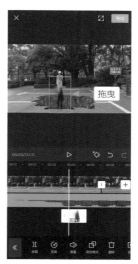

图 8-67　选择"正片叠底"选项　　图 8-68　将残影素材拖曳至人物下方

步骤 **13** ❶选中人物走路的视频轨道；❷点击"分割"按钮，如图 8-69 所示。

步骤 **14** 执行操作后，删除后段人物走路的视频，如图 8-70 所示。

步骤 **15** 点击"导出"按钮，即可看到地面塌陷，人物掉落的视频效果，如图 8-71所示。

图 8-69　点击"分割"按钮

图 8-70　删除后段人物走路的视频

图 8-71　预览视频效果

第 9 章

9 种音效，锦上添花

学前提示

　　音频是短视频中非常重要的内容元素，选择好的背景音乐或者语音旁白，让你的作品不费吹灰之力就能上热门。本章主要介绍短视频的音频处理技巧，包括选择背景音乐、后期配音、音频剪辑、添加音效和变声玩法等。

054 录制语音，添加旁白

下面介绍使用剪映 App 录制语音旁白的操作方法。

步骤 **01** 在剪映 App 中导入一个视频素材，点击"关闭原声"按钮，将短视频原声设置为静音，如图 9-1 所示。

步骤 **02** 点击"音频"按钮进入其编辑界面，点击"录音"按钮，如图 9-2 所示。

步骤 **03** 进入"录音"界面，按住红色的录音键不放，即可开始录制语音旁白，如图 9-3 所示。

图 9-1 关闭原声　　图 9-2 点击"录音"按钮

步骤 **04** 录制完成后，松开录音键即可，自动生成录音轨道，如图 9-4 所示。

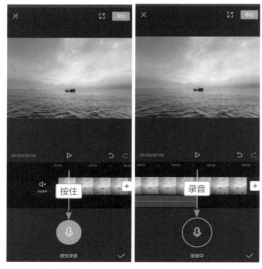

图 9-3 开始录音　　　　　　　　　　图 9-4 完成录音

055 导入音频，添加音乐

下面介绍使用剪映 App 导入本地音频的操作方法。

步骤 01 在剪映 App 中导入一个视频素材，点击"添加音频"按钮，如图 9-5 所示。

步骤 02 进入"音频"界面，点击"音乐"按钮，如图 9-6 所示。

步骤 03 进入"添加音乐"界面，❶切换至"导入音乐"中的"本地音乐"选项卡，在下方的列表框中选择相应的音频素材；❷点击"使用"按钮，如图 9-7 所示。

图 9-5　点击"添加音频"按钮　图 9-6　点击"音乐"按钮

步骤 04 执行操作后，即可添加本地背景音乐，如图 9-8 所示。

图 9-7　选择本地音频

图 9-8　添加本地背景音乐

056 裁剪音频，个性音乐

下面介绍使用剪映 App 裁剪与分割背景音乐素材的操作方法。

步骤 01 以上一例效果为例，向右拖曳音频轨道前的白色拉杆，即可裁剪音频，如图 9-9 所示。

步骤 02 按住音频轨道向左拖曳至视频的起始位置，完成音频的裁剪操作，如图 9-10 所示。

步骤 03 ❶拖曳时间轴，将其移至视频的结尾处；❷选择音频轨道；❸点击"分割"按钮；❹即可分割音频，如图 9-11 所示。

图 9-9 裁剪音频素材

图 9-10 调整音频位置

步骤 04 选择第二段音频，点击"删除"按钮，删除多余音频，如图 9-12 所示。

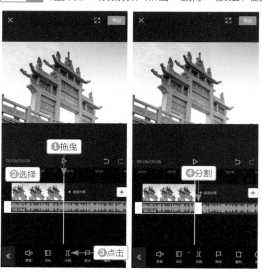

图 9-11 分割音频

图 9-12 删除多余的音频

057　降噪开关，消除噪声

如果录音环境比较嘈杂，用户可以在后期使用剪映 App 来消除短视频中的噪声。

步骤 01 在剪映 App 中导入一个视频素材，选中视频轨道，点击底部的"降噪"按钮，如图 9-13 所示。

步骤 02 执行操作后，弹出"降噪"菜单，如图 9-14 所示。

步骤 03 ❶ 打开"降噪开关"；❷ 系统会自动进行降噪处理，并显示处理进度，如图 9-15 所示。

步骤 04 处理完成后，自动播放视频，点击 ✔ 按钮确认即可，如图 9-16 所示。

图 9-13　点击"降噪"按钮

图 9-14　弹出"降噪"菜单

图 9-15　进行降噪处理

图 9-16　自动播放视频

058 淡入淡出，舒适听感

设置音频淡入淡出效果后，可以让短视频的背景音乐显得不那么突兀，给观众带来更加舒适的视听感。下面介绍使用剪映 App 设置音频淡入淡出效果的操作方法。

步骤 01 在剪映 App 中打开一个视频素材，选择相应的音频轨道，如图 9-17 所示。

步骤 02 进入"音频"界面，点击底部的"淡化"按钮，如图 9-18 所示。

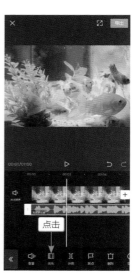

图 9-17 选择音频素材 　　图 9-18 点击"淡化"按钮

步骤 03 进入"淡化"界面，设置相应的淡入时长和淡出时长，如图 9-19 所示。

步骤 04 点击✓按钮，即可给音频添加淡入淡出效果，如图 9-20 所示。

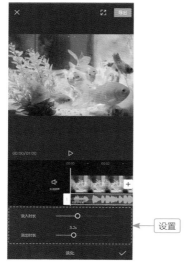

图 9-19 设置淡化参数 　　图 9-20 添加淡入淡出效果

059　各种变声，任意切换

在处理短视频的音频素材时，用户可以为其增加一些变速或者变声的特效，让声音效果变得更加有趣。

步骤 01　在剪映 App 中导入视频素材，并录制一段声音，选中录音轨道，并点击底部的"变声"按钮，如图 9-21 所示。

步骤 02　弹出"变声"菜单，用户可以在其中选择合适的变声效果，如女生和男生等，并点击☑按钮确认即可，如图 9-22 所示。

图 9-21　点击"变声"按钮　图 9-22　选择合适的变声效果

步骤 03　选择录音轨道，点击底部的"变速"按钮弹出相应菜单，拖曳红色圆圈滑块即可调整声音的变速参数，如图 9-23 所示。

步骤 04　点击☑按钮，可以看到经过变速处理后的录音轨道的持续时间明显变短了，同时还会在录音轨道上显示变速倍速，如图 9-24 所示。

图 9-23　调整声音变速参数　图 9-24　显示变速倍速

060 添加音效，辅助体验

剪映 App 中提供了很多有趣的音频特效，用户可以根据短视频的情境来增加音效，如综艺、笑声、机械、BGM、人声、转场、游戏、魔法、打斗、美食、环境音、动物、交通、乐器、手机和悬疑等，如图 9-25 所示。

图 9-25　剪映 App 中的音效

例如，在海边的短视频中，就可以选择"环境音"下面的"海浪"音效，如图 9-26 所示。再如，在拍摄动物短视频时，可以选择"动物"下面对应的音效，如猫叫、狗叫、鸟叫和绵羊叫等，如图 9-27 所示。

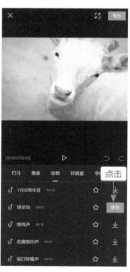

图 9-26　添加"海浪"音效　　　　图 9-27　添加"绵羊叫"音效

061 提取音乐，一键搞定

下面介绍使用剪映 App 一键提取视频中的音乐的操作方法。

步骤 01 在剪映 App 中导入一个视频素材，点击底部的"音频"按钮，如图 9-28 所示。

步骤 02 进入"音频"界面，点击"提取音乐"按钮，如图 9-29 所示。

图 9-28　点击"音频"按钮　　图 9-29　点击"提取音乐"按钮

步骤 03 进入手机素材库，❶选择要提取音乐的视频文件；❷点击"仅导入视频的声音"按钮，如图 9-30 所示。

步骤 04 执行操作后，即可提取并导入视频中的音乐文件，如图 9-31 所示。

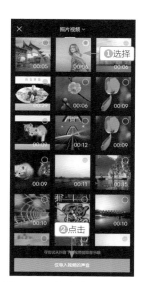

图 9-30　点击"仅导入视频的声音"按钮　　图 9-31　提取并导入音乐文件

062 自动踩点，卡点视频

下面介绍使用剪映 App 的"自动踩点"功能制作卡点短视频的操作方法。

步骤 01 在剪映 App 中导入视频素材，并添加相应的卡点背景音乐，如图 9-32 所示。

步骤 02 选择音频图层，进入"音频"界面，点击底部的"踩点"按钮，如图 9-33 所示。

步骤 03 进入"踩点"界面，❶ 开启"自动踩点"功能；❷ 并选择"踩节拍 I"选项，如图 9-34 所示。

步骤 04 点击 ✔ 按钮，即可在音乐鼓点的位置添加对应的点，如图 9-35 所示。

图 9-32　添加卡点背景音乐　　图 9-33　点击"踩点"按钮

图 9-34　开启"自动踩点"功能

图 9-35　添加对应黄点

步骤 **05** 调整视频的持续时长，将每段视频的长度对准音频中的黄色小圆点，如图 9-36 所示。

步骤 **06** 选择视频片段，点击"动画"按钮，给所有的视频片段都添加"向下甩入"的动画效果，如图 9-37 所示。

图 9-36　调整视频的持续时长　　　图 9-37　添加"向下甩入"的动画效果

步骤 **07** 点击右上角的"导出"按钮，导出并预览视频效果，如图 9-38 所示。

图 9-38　导出并预览视频效果

第 10 章
4 种分身，高超手法

学前提示

　　"分身术"是一种非常火爆的技术流短视频特效，其看似很难制作，但其实很简单，使用剪映 App 的蒙版工具即可制作。本章将介绍踢出分身、遇见自己、循环走路和召唤分身 4 种特效的制作方法。

063 | 脚踢大树，踢出分身

　　下面介绍使用剪映 App 的线性蒙版功能，制作"一脚踢出另一个自己"的视频特效操作方法。

步骤 01 首先拍摄第一段视频素材，用三脚架固定手机，拍摄人物踢大树的视频素材，如图 10-1 所示。

图 10-1　拍摄第一段视频素材

步骤 02 接着拍摄第二段视频素材，保持手机机位固定不变，拍摄人物从树后摔出去的视频素材，如图 10-2 所示。

图 10-2　拍摄第二段视频素材

步骤 03 在剪映 App 中导入第一段视频素材，拖曳时间轴，找到人物踢大树的位置，点击"画中画"按钮，如图 10-3 所示。

步骤 04 点击"新增画中画"按钮，导入第二段人物从树后摔出去的视频素材，如图 10-4 所示。

图 10-3　点击"画中画"按钮　　　　图 10-4　导入第二段视频素材

步骤 05 执行操作后，用双指在预览区域放大画中画视频素材，使其铺满，如图 10-5 所示。

步骤 06 在下方工具栏中找到并点击"蒙版"按钮，如图 10-6 所示。

图 10-5　放大视频画面　　　　图 10-6　点击"蒙版"按钮

步骤 07 进入"蒙版"界面，选择"线性"蒙版，如图 10-7 所示。

步骤 08 执行操作后，旋转并移动线性蒙版控制条至人物中间的位置，使两个自己都出现在画面中，如图 10-8 所示。

步骤 09 点击右上角的"导出"按钮，导出并播放预览视频，可以看到人物走到树旁边，踢一脚树干，树的另一边摔出去另

图 10-7　选择"线性"蒙版

图 10-8　调整线性蒙版控制条

一个自己，效果如图 10-9 所示。

图 10-9　播放预览视频

064 遇见自己，坐在一起

下面介绍使用剪映 App 的线性蒙版功能，制作"遇见另一个自己"的视频特效操作方法。

步骤 01 首先拍摄第一段视频素材，用三脚架固定手机，拍摄人物从左边走进画面坐在凳子左边的镜头，如图 10-10 所示。

图 10-10 拍摄第一段视频素材

步骤 02 接着拍摄第二段视频素材，保持手机机位固定不变，拍摄人物从右边走进画面坐在凳子另一边的镜头，如图 10-11 所示。

图 10-11 拍摄第二段视频素材

步骤 03 在剪映 App 中导入并选择第一段视频素材，❶将时间轴拖曳至人物还未出现在画面中的位置；❷点击"定格"按钮，如图 10-12 所示。

步骤 04 将"定格"生成的图片拖曳至视频轨道的最后面，并适当调整其长度，如图 10-13 所示。

步骤 05 点击后面两段视频中间的 图标，如图 10-14 所示。

步骤 06 进入"转场"界面，选择"叠化"转场效果，如图 10-15 所示。

图 10-12 点击"定格"按钮

图 10-13 调整定格图片的顺序和长度

图 10-14 点击相应图标

图 10-15 选择"叠化"转场效果

步骤 07 ❶将时间轴拖曳至第一段视频中人物即将坐下的位置；❷依次点击"画中画"和"新增画中画"按钮，如图 10-16 所示。

步骤 08 进入"照片视频"界面，❶选择第二段视频素材；❷点击"添加"按钮导入视频，如图 10-17 所示。

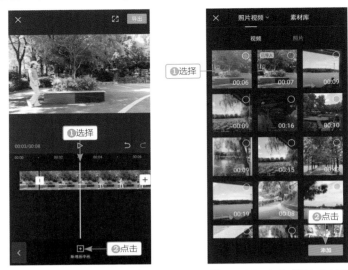

图 10-16　点击"新增画中画"按钮　　　图 10-17　点击"添加"按钮

步骤 09 ▶ 导入视频后，在预览区域中将视频画面放大至满屏，如图 10-18 所示。

步骤 10 ▶ 在底部的工具栏中点击"蒙版"按钮，如图 10-19 所示。

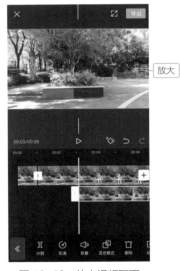

图 10-18　放大视频画面

图 10-19　点击"蒙版"按钮

步骤 11 ▶ 进入"蒙版"编辑界面，选择"线性"蒙版，如图 10-20 所示。

步骤 12 ▶ 旋转并移动线性蒙版控制条至人物中间的位置，如图 10-21 所示。

图 10-20　选择"线性"蒙版

图 10-21　调整线性蒙版控制条

步骤 13 点击"导出"按钮，导出并播放预览视频，效果如图 10-22 所示。

图 10-22　播放预览视频

065　循环人物，排队前行

下面介绍使用剪映 App 的镜面蒙版功能，制作人物不断地循环走路的视频特效操作方法。

步骤 01 使用三脚架固定手机位置不变，拍摄一段人物从左边走到右边的画面。这里需要注意的是，在人物走进画面之前，用户需要先拍摄一段没有人物的空场景，如图 10-23 所示。

图 10-23 拍摄视频素材

步骤 02 在剪映 App 中导入拍摄好的视频素材，拖曳时间轴，找到人物即将出现的位置，选中视频轨道，点击"分割"按钮，如图 10-24 所示。

步骤 03 执行操作后，点击下方工具栏中的"画中画"按钮，如图 10-25 所示。

图 10-24 点击"分割"按钮 图 10-25 点击"画中画"按钮

步骤 04 进入"画中画"界面，选中后段视频素材，点击下方工具栏中的"切画中画"按钮，如图 10-26 所示。

步骤 05 执行操作后，拖曳画中画轨道与视频轨道左侧对齐，选中视频轨道，点击"变速"按钮，如图 10-27 所示。

图 10-26　点击"切画中画"按钮

图 10-27　点击"变速"按钮

步骤 06 进入"变速"界面，点击"常规变速"按钮，如图 10-28 所示。

步骤 07 执行操作后，进入"常规变速"界面，向左拖曳红色圆圈滑块，将播放速度的参数设置为 0.3x，如图 10-29 所示。

图 10-28　点击"常规变速"按钮

图 10-29　设置"变速"参数

步骤 08 点击 ✓ 按钮返回，拖曳时间轴至起始位置，选中画中画轨道，点击 ◇ 按钮，如图 10-30 所示。

步骤 **09** 执行操作后，点击"蒙版"按钮，进入"蒙版"界面，选择"镜面"蒙版，如图 10-31 所示。

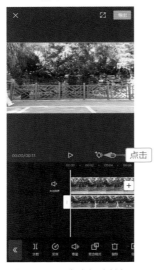

图 10-30　点击相应按钮　　　　　图 10-31　选择"镜面"蒙版

步骤 **10** 在预览区域中 90°旋转蒙版，并将蒙版调整到人物出现的位置，如图 10-32 所示。

步骤 **11** 点击✓按钮返回，❶拖曳时间轴；❷点击下方工具栏中的"蒙版"按钮，如图 10-33 所示。

图 10-32　调整蒙版位置　　　　　图 10-33　点击"蒙版"按钮

步骤 12 在预览区域中调整蒙版位置，使人物完全显示出来，如图 10-34 所示。

步骤 13 执行操作后，画中画轨道将会自动生成相应的关键帧，使用同样的操作方法，为画中画轨道添加其他的关键帧，如图 10-35 所示。

图 10-34　调整蒙版位置

图 10-35　添加多个关键帧

步骤 14 点击下方工具栏中的"复制"按钮，画中画轨道上将会再生成一条相同的画中画轨道，如图 10-36 所示。

步骤 15 将复制的画中画轨道拖曳至下方轨道中，调整轨道的起始位置，使两个人物完全显示出来，如图 10-37 所示。

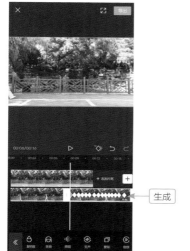

图 10-36　生成画中画轨道

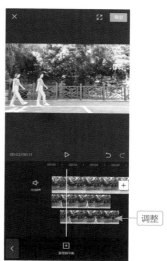

图 10-37　调整轨道的起始位置

步骤 16 想要做成几个人走路，只需用同样的操作方法复制几层，并调整到合适的起始位置即可，导出并播放预览视频，效果如图 10-38 所示。

图 10-38　播放预览视频效果

专家提醒

需要注意的是，如果复制的人物过多，视频播放到后面时，视频背景将会变成黑色。用户只需在第一个视频轨道后做一个定格效果，并拉长定格的视频轨道，使其与最后一个画中画轨道对齐，即可解决黑屏问题。

066 召唤分身，多人同框

下面介绍使用剪映 App 的镜面蒙版功能，制作"召唤术"的视频特效操作方法。

步骤 01 固定手机位置不变，依次在标记好的 5 个位置拍摄 5 段视频素材，如图 10-39 所示。

步骤 02 在剪映 App 中导入第一个位置"召唤"的视频，拖曳时间轴，找到人物蹲下"召唤"的位置，如图 10-40 所示。

步骤 03 依次点击"画中画"按钮和"新增画中画"按钮，导入第二个位置"召唤"出人物的视频素材，如图 10-41 所示。

图 10-39　拍摄视频素材

图 10-40　拖曳时间轴

图 10-41　导入视频素材

步骤 04 执行操作后，双指开合在预览区域放大视频画面，使其铺满画面，如图 10-42 所示。

步骤 05 在下方工具栏中找到并点击"蒙版"按钮，选择"镜面"蒙版，如图 10-43 所示。

步骤 06 在预览区域中旋转蒙版到合适的位置，使第二个人物出现在画面中，如图 10-44 所示。

步骤 07 依次点击✓

图 10-42 放大视频画面

图 10-43 选择"镜面"蒙版

按钮和≪按钮返回，再点击"新增画中画"按钮，导入第三个位置"召唤"出人物的视频素材，如图 10-45 所示。

图 10-44 旋转蒙版

图 10-45 导入视频素材

步骤 08 以此类推，导入其他两个位置"召唤"出人物的视频素材，添加并调整"镜面"蒙版进行抠像操作，如图 10-46 所示。

步骤 09　执行操作后，点击"导出"按钮，导出视频，再重新导入视频并找到人物刚要全部出现的位置，点击"画中画"按钮，如图 10-47 所示。

图 10-46　导入其余视频素材　　图 10-47　点击"画中画"按钮

步骤 10　点击"新增画中画"按钮，导入特效素材，点击"混合模式"按钮，如图 10-48 所示。

步骤 11　执行操作后，❶选择"滤色"选项；❷在预览区域调整特效素材的位置和大小，如图 10-49 所示。

图 10-48　点击"混合模式"按钮　图 10-49　调整特效素材的位置和大小

步骤 12 其他位置用同样的操作方法添加特效素材，点击"导出"按钮，导出并播放预览视频，效果如图 10-50 所示。

图 10-50　播放预览视频

第 11 章

5 种卡点，节奏制胜

学前提示

　　卡点视频是一种非常注重音乐旋律和节奏动感的短视频，音乐的节奏感越强，鼓点起伏越大，会更容易找到节拍点。本章将介绍踩点功能、蒙版卡点、灯光卡点、3D 卡点和卡点模板 5 种卡点视频的制作方法。

067 踩点功能，轻松卡点

下面介绍使用剪映 App 的"踩点"功能制作卡点视频的具体操作方法。

步骤 01 在剪映 App 中导入一段视频素材，点击下方工具栏中的"音频"按钮，如图 11-1 所示。

步骤 02 进入音频二级工具栏后，点击"音乐"按钮，如图 11-2 所示。

步骤 03 进入"添加音乐"界面后，选择一首适合卡点的音乐，点击"使用"按钮，导入音乐，如图 11-3 所示。

图 11-1 点击"音频"按钮　　图 11-2 点击"音乐"按钮

步骤 04 选中音频轨道，点击下方工具栏中的"踩点"按钮，如图 11-4 所示。

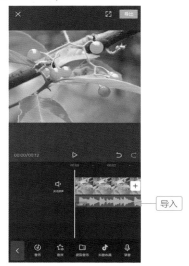

图 11-3 导入音乐　　　　　图 11-4 点击"踩点"按钮

步骤 05 进入"踩点"编辑界面后，点击"自动踩点"按钮，可以选择不同的踩节拍模式。例如，选择"踩节拍 I"模式，即可自动踩中音频中的节拍点，如图 11-5 所示。注意，自动踩点功能只适用于音乐库里的音乐和抖音收藏里的音乐，其他来源的音乐需要用户自己手动踩点。

步骤 06 例如，点击音频工具栏中的"提取音乐"按钮，❶选择需要提取音乐的视频；❷点击"仅导入视频的声音"按钮，如图 11-6 所示。

图 11-5　选择"踩节拍 I"模式　　图 11-6　点击"仅导入视频的声音"按钮

步骤 07 执行操作后，选中提取的音乐轨道，点击"踩点"按钮，如图 11-7 所示。

步骤 08 进入"踩点"编辑界面后，拖曳时间轴至需要卡点的位置，点击 添加点 按钮，即可在提取的音乐轨道上看到黄色的节拍点，如图 11-8 所示。

图 11-7　点击"踩点"按钮　　图 11-8　添加节拍点

068 蒙版卡点，星星旋转

下面介绍使用剪映 App 制作蒙版卡点视频的具体操作方法。

步骤 01 在剪映 App 中导入 3 张照片素材，添加合适的卡点音乐，并为音乐打上黄色的节拍点，点击"比例"按钮，如图 11-9 所示。

步骤 02 在"比例"菜单中选择 9∶16 选项，如图 11-10 所示。

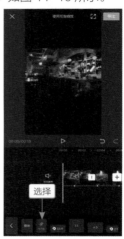

图 11-9　点击"比例"按钮　　　图 11-10　选择 9∶16 选项

步骤 03 点击 ◀ 按钮返回，点击"画中画"按钮，如图 11-11 所示。

步骤 04 点击"新增画中画"按钮，再次导入同一张照片，如图 11-12 所示。

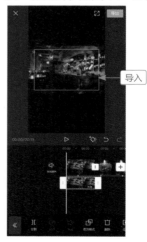

图 11-11　点击"画中画"按钮　　　图 11-12　导入同一张照片

步骤 05 在预览区域放大重新导入的照片素材，❶选中视频轨道；❷点击"蒙版"按钮，如图 11-13 所示。

步骤 06 在"蒙版"菜单中，找到并选择"星形"蒙版，如图 11-14 所示。

图 11-13 点击"蒙版"按钮

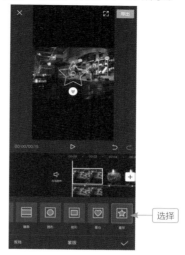
图 11-14 选择"星形"蒙版

步骤 07 ❶在预览区域将蒙版调整至合适的位置和大小；❷点击左下角的"反转"按钮，如图 11-15 所示。

步骤 08 点击☑按钮返回，❶选中画中画轨道；❷点击"蒙版"按钮，如图 11-16 所示。

图 11-15 点击"反转"按钮

图 11-16 点击"蒙版"按钮

步骤 09 在 "蒙版" 菜单中，依然选择 "星形" 蒙版，如图 11-17 所示。

步骤 10 在预览区域调整蒙版的位置和大小，使其与第一张 "星形" 蒙版对齐，如图 11-18 所示。

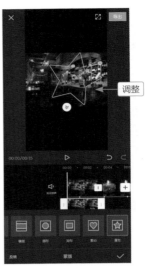

图 11-17　选择 "星形" 蒙版　　　图 11-18　调整蒙版位置和大小

步骤 11 点击 ✓ 按钮返回，拖曳视频轨道和画中画轨道右侧的白色拉杆，使其与音频轨道上的第二个黄色的节拍点对齐，如图 11-19 所示。

步骤 12 ❶选中视频轨道；❷点击 "动画" 按钮，如图 11-20 所示。

图 11-19　拖曳白色拉杆　　　　　图 11-20　点击 "动画" 按钮

步骤 13 在"动画"菜单中，选择"组合动画"选项，如图 11-21 所示。

步骤 14 执行操作后，选择"缩小旋转"动画效果，如图 11-22 所示。

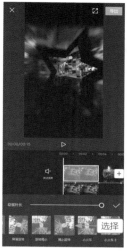

图 11-21　选择"组合动画"选项　图 11-22　选择"缩小旋转"动画效果

步骤 15 点击✓按钮返回，选中画中画轨道，依次点击"动画"按钮和"组合动画"按钮，选择"旋转降落"动画效果，如图 11-23 所示。

步骤 16 点击✓按钮返回，采用同样的操作方法为其他两张照片添加合适的动画效果，拖曳时间轴至视频轨道的结尾处，选中音频轨道，点击"分割"按钮，删除多余的音频素材，如图 11-24 所示。

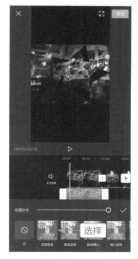

图 11-23　选择"旋转降落"动画效果　图 11-24　删除多余的音频素材

步骤 17 执行操作后，点击右上角的"导出"按钮，即可播放预览视频，效果如图 11-25 所示。

图 11-25　播放预览视频效果

069　灯光卡点，一闪一闪

下面介绍使用剪映 App 制作"灯光卡点秀"的具体操作方法。

步骤 01 在剪映 App 中导入一张灯光照片，选中视频轨道，点击下方工具栏中的"滤镜"按钮，如图 11-26 所示。

步骤 02 在"滤镜"菜单中，选择"默片"滤镜效果，如图 11-27 所示。

图 11-26　点击"滤镜"按钮　　图 11-27　选择"默片"滤镜效果

步骤 03 点击✔按钮即可添加滤镜效果，依次点击"添加音频"按钮和"音乐"按钮，选择并导入合适的卡点音乐，如图 11-28 所示。

步骤 04 执行操作后，选中音频轨道，点击"踩点"按钮，如图 11-29 所示。

图 11-28　导入卡点音乐　　图 11-29　点击"踩点"按钮

步骤 05 进入"踩点"编辑界面，❶点击"自动踩点"按钮；❷选择"踩节拍 I"模式，如图 11-30 所示。

步骤 06 点击✔按钮，音频轨道将自动生成黄色的节拍点，如图 11-31 所示。

图 11-30　选择"踩节拍 I"模式　　　图 11-31　生成节拍点

步骤 07 选中视频轨道，拖曳视频轨道右侧的白色拉杆，使其与音频轨道对齐，如图 11-32 所示。

步骤 08 拖曳时间轴至视频轨道的起始位置，点击下方工具栏中的"画中画"按钮，如图 11-33 所示。

图 11-32　视频轨道与音频轨道对齐　　　图 11-33　点击"画中画"按钮

步骤 09 点击"新增画中画"按钮，再次导入灯光照片，如图 11-34 所示。

步骤 10 ①双指在预览区域放大画中画视频素材的画面；②拖曳画中画轨道右侧的白色拉杆，使其与音频轨道对齐，如图 11-35 所示。

图 11-34　导入灯光照片　　　图 11-35　画中画轨道与音频轨道对齐

步骤 11 ①拖曳时间轴至音频轨道的第一个黄色的节拍点；②点击"分割"按钮，如图 11-36 所示。

步骤 12 采用同样的操作方法，根据节拍点的位置对画中画轨道进行分割，①选中第一段画中画轨道；②点击"蒙版"按钮，如图 11-37 所示。

图 11-36　点击"分割"按钮　　　图 11-37　点击"蒙版"按钮

步骤 13 在"蒙版"菜单中，选择"矩形"蒙版，如图 11-38 所示。

步骤 14 单指在预览区域中拖曳蒙版至想要亮灯的位置，双指调整其大小，如图 11-39 所示。

图 11-38 选择"矩形"蒙版　　图 11-39 调整蒙版位置和大小

步骤 15 采用同样的操作方法，分别为后面分割出来的画中画轨道添加蒙版，并调整蒙版的位置和大小。执行操作后，点击右上角的"导出"按钮，导出并播放预览视频，效果如图 11-40 所示。

图 11-40 播放预览视频效果

070 3D卡点，立体相册

下面介绍使用剪映 App 制作 3D 照片卡点视频的操作方法。

步骤 01 在剪映 App 中导入6张照片素材，点击下方工具栏中的"比例"按钮，如图 11-41 所示。

步骤 02 在"比例"菜单中选择 9 : 16 选项，如图 11-42 所示。

 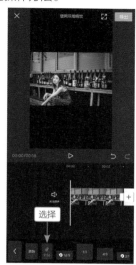

图11-41 点击"比例"按钮　图11-42 选择9：16选项

步骤 03 点击 ◀ 按钮返回，点击下方工具栏中的"背景"按钮，如图 11-43 所示。

步骤 04 进入"背景"编辑界面，选择"画布模糊"选项，如图 11-44 所示。

图 11-43 点击"背景"按钮　图 11-44 选择"画布模糊"选项

步骤 **05** 在"画布模糊"菜单中，选择第二个模糊效果，如图 11-45 所示。

步骤 **06** 点击 ✓ 按钮即可添加背景，点击"添加音频"按钮，如图 11-46 所示。

图 11-45　选择模糊效果　　　　　图 11-46　点击"添加音频"按钮

步骤 **07** 点击"提取音乐"按钮，进入"照片视频"界面，❶选择需要提取音乐的视频；❷点击"仅导入视频的声音"按钮，如图 11-47 所示。

步骤 **08** ❶选中提取的音乐轨道；❷点击下方工具栏中的"踩点"按钮，如图 11-48 所示。

图 11-47　点击"仅导入视频的声音"按钮　　图 11-48　点击"踩点"按钮

步骤 09 进入"踩点"界面后，❶点击▷按钮，播放音频；❷在鼓点位置点击 ＋添加点按钮，如图 11-49 所示。

步骤 10 打上所有的节拍点后，点击✓按钮完成节拍点的添加，❶拖曳时间轴至节拍点的位置；❷选中相应的视频轨道；❸点击"分割"按钮，如图 11-50 所示。

图 11-49　点击相应按钮　　　　图 11-50　点击"分割"按钮

步骤 11 采用同样的操作方法，分割其余视频轨道，删除多余的视频轨道，❶选中第一段视频轨道；❷点击"动画"按钮，如图 11-51 所示。

步骤 12 在"动画"菜单中，选择"组合动画"中的"立方体"动画效果，如图 11-52 所示。

图 11-51　点击"动画"按钮　　图 11-52　选择"立方体"动画效果

步骤 13 点击✓按钮添加动画效果，选中第二段视频轨道，点击"组合动画"按钮，选择"叠叠乐"动画效果，如图 11-53 所示。

步骤 14 点击✓按钮返回，点击下方工具栏中的"滤镜"按钮，选择并添加合适的滤镜效果，如图 11-54 所示。

图 11-53　选择"叠叠乐"动画效果

图 11-54　选择滤镜效果

步骤 15 采用同样的操作方法，为其余照片添加效果，点击"导出"按钮，即可导出并播放预览视频，效果如图 11-55 所示。

图 11-55　播放预览视频效果

071 卡点模板，一键同款

下面介绍使用剪映 App 的"剪同款"功能制作卡点视频的具体操作方法。

步骤 01 在剪映 App 的"剪辑"界面中，点击底部的"剪同款"按钮，如图 11-56 所示。

步骤 02 进入"剪同款"界面后，❶切换至"模板"下的"卡点"选项卡；❷选择想要剪同款的视频模板，如图 11-57 所示。

步骤 03 打开视频模板后，点击"剪同款"按钮，❶选择与视频模板一样的素材数量；❷点击"下一步"按钮，如图 11-58 所示。

步骤 04 执行操作后，进入"编辑"界面，如果对当前的照片素材不满意，❶选择该照片并点击"点击编辑"按钮；❷在弹出的编辑菜单中可选择重新"拍摄"照片或者"替换"照片，如图 11-59 所示。

图 11-56 点击"剪同款"按钮

图 11-57 选择视频模板

图 11-58 点击"下一步"按钮

图 11-59 "编辑"界面

步骤 05 执行操作后，点击右上角的"导出"按钮，即可导出并播放预览视频，可以看到导出的视频与视频模板呈现的效果是一样的，如图 11-60 所示。

图 11-60　播放预览视频效果

第 12 章

7 种拍法，电影大片

学前提示

　　很多用户想要做出电影中常出现的一些很炫酷的特效场面，其实剪映 App 也可以轻松实现这些效果。本章介绍"反转世界""替换天空""穿越时空""车快人慢""变身特效"和"化身乌鸦"等特效的制作方法。

072 镜像特效，反转世界

下面介绍使用剪映 App 制作"逆世界"镜像特效的操作方法。

步骤 01 在剪映 App 中导入一个视频素材，点击"比例"按钮，如图 12-1 所示。

步骤 02 进入"比例"菜单后，选择 9 : 16 选项，调整屏幕显示比例，如图 12-2 所示。

图 12-1　点击"比例"按钮　　　　图 12-2　选择 9 : 16 选项

步骤 03 点击"画中画"按钮，再次导入相同的视频素材，如图 12-3 所示。

步骤 04 ❶将视频放大至满屏大小；❷点击底部的"编辑"按钮，如图 12-4 所示。

图 12-3　导入相同的视频素材　　　　图 12-4　点击"编辑"按钮

步骤 **05** 进入"编辑"界面后，连续点击两次"旋转"按钮，旋转视频画面，如图 12-5 所示。

步骤 **06** 点击"镜像"按钮，水平翻转视频画面，如图 12-6 所示。

图 12-5　旋转视频画面

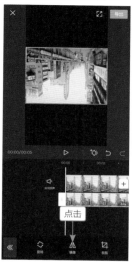

图 12-6　水平翻转视频画面

步骤 **07** 点击"裁剪"按钮，对视频画面进行适当裁剪，如图 12-7 所示。

步骤 **08** 点击 ✓ 按钮确认编辑操作，并对两个视频的位置进行适当调整，完成"逆世界"镜像特效的制作，如图 12-8 所示。

图 12-7　裁剪视频画面

图 12-8　完成镜像视频特效

073 手打响指，替换天空

下面介绍使用剪映 App 制作"替换天空"短视频的具体操作方法。

步骤 01 拍摄一段人物打响指的视频素材，如图 12-9 所示。

图 12-9　拍摄一段视频素材

步骤 02 在剪映 App 中导入拍摄好的视频素材，拖曳时间轴至人物打响指的位置，点击"画中画"按钮，如图 12-10 所示。

步骤 03 导入想要更换的天空素材，在预览区域调整天空素材的位置和大小，盖住整个天空部分，点击底部的"混合模式"按钮，如图 12-11 所示。

图 12-10　点击"画中画"按钮　　图 12-11　点击"混合模式"按钮

步骤 **04** 打开"混合模式"菜单后，选择"变暗"选项，如图 12-12 所示。

步骤 **05** 点击 ✓ 按钮返回，点击"添加音频"按钮，为其添加合适的背景音乐，如图 12-13 所示。

图 12-12　选择"变暗"选项　　　　图 12-13　添加背景音乐

步骤 **06** 执行操作后，点击右上角的"导出"按钮，即可看到人物打了响指后，天空变成了蓝天白云，效果如图 12-14 所示。

图 12-14　播放预览视频效果

074 奔跑跳跃，穿越时空

下面介绍使用剪映 App 制作"穿越时空"短视频的具体操作方法。

步骤 01 拍摄第一段人物跑过去跳起来的视频素材，如图 12-15 所示。

步骤 02 固定手机位置不变，拍摄第二段没有人物的空场景视频素材，如图 12-16 所示。

图 12-15 第一段视频素材 　　　　　图 12-16 第二段视频素材

步骤 03 按顺序导入拍摄的视频素材，拖曳时间轴至人物跳到最高的位置，点击"分割"按钮，如图 12-17 所示。

步骤 04 删除后面多余的视频素材，拖曳时间轴至起始位置，点击"画中画"按钮，导入"时空门"素材，点击"混合模式"按钮，如图 12-18 所示。

 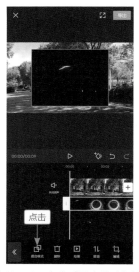

图 12-17 点击"分割"按钮 　　　　图 12-18 点击"混合模式"按钮

步骤 05 打开"混合模式"菜单后，选择"滤色"选项，如图 12-19 所示。

步骤 06 点击✓按钮返回，在预览区域调整"时空门"素材的位置和大小，如图 12-20 所示。

图 12-19　选择"滤色"选项　　　　图 12-20　调整素材位置和大小

步骤 07 执行操作后，点击右上角的"导出"按钮，即可导出并播放预览视频，效果如图 12-21 所示。

图 12-21　播放预览视频效果

075 车快人慢，魔法效果

下面介绍使用剪映 App 制作电影中"车快人慢"短视频的具体操作方法。

步骤 01 拍摄第一段人物向前走并挥手的视频素材，如图 12-22 所示。

步骤 02 固定手机位置不变，拍摄 3 分钟车流视频素材，如图 12-23 所示。

图 12-22　第一段视频素材　　　　图 12-23　第二段视频素材

步骤 03 在剪映 App 中导入第一段人物向前走的视频素材，点击"变速"按钮，选择"曲线变速"选项，如图 12-24 所示。

步骤 04 进入"曲线变速"界面后，选择"自定"选项并点击编辑，在想要放慢动作的地方向下拖曳白色圆圈滑块，降低播放速度，如图 12-25 所示。

图 12-24　选择"曲线变速"选项　　图 12-25　降低播放速度

步骤 05 点击 ✓ 按钮返回，拖曳时间轴至人物挥手的位置，点击"画中画"按钮，导入车流视频素材，如图 12-26 所示。

步骤 06 双指在预览区域放大车流视频素材画面，使其铺满，点击"蒙版"按钮，打开"蒙版"菜单后，选择"线性"蒙版，如图 12-27 所示。

图 12-26　导入车流视频素材　　　　图 12-27　选择"线性"蒙版

步骤 07 旋转蒙版并拖曳至人物与车流分开的位置，拖曳«按钮，增大羽化，如图 12-28 所示。

步骤 08 点击✔按钮返回，点击"变速"按钮，选择"常规变速"选项，拖曳红色圆圈滑块，将播放速度的参数设置 19.0x，如图 12-29 所示。

图 12-28　增大羽化　　　　图 12-29　设置"变速"参数

步骤 09 执行操作后，点击右上角的"导出"按钮，即可导出并播放预览视频，效果如图 12-30 所示。可以看到人物向车流挥手后，车流速度变得很快，而人物向前走的速度却变慢的画面。

图 12-30　播放预览视频效果

076　变身特效，震撼效果

下面介绍使用剪映 App 制作电影中"变身"特效短视频的具体操作方法。

步骤 01 用三脚架固定手机，拍摄一段人物走过去展开双臂的视频素材，如图 12-31 所示。

步骤 02 固定手机位置不变，拍摄一段另一个人走到同一位置做相同动作的视频素材，如图 12-32 所示。

图 12-31　第一段视频素材　　　　图 12-32　第二段视频素材

步骤 03 在剪映 App 中按顺序导入两段视频素材，拖曳时间轴至第一段视频素材中人物做动作的位置，点击"分割"按钮，如图 12-33 所示。

步骤 04 执行操作后，删除后面多余的视频素材，拖曳时间轴至第二段视频素材中人物做动作的位置，点击"分割"按钮，如图 12-34 所示。

图 12-33　点击"分割"按钮 1　　图 12-34　点击"分割"按钮 2

步骤 05 执行操作后，删除前面多余的视频素材，点击下方工具栏中的"画中画"按钮，如图 12-35 所示。

步骤 06 导入闪电素材，点击"混合模式"按钮，选择"滤色"选项，如图 12-36 所示。

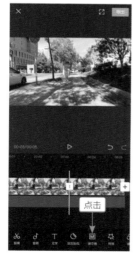 

图 12-35　点击"画中画"按钮　　图 12-36　选择"滤色"选项

步骤 07 双指在预览区域放大闪电素材的画面并调整至合适的位置，点击"新增画中画"按钮，导入另一个特效素材，如图 12-37 所示。

步骤 08 点击"混合模式"按钮，选择"滤色"选项，双指在预览区域放大特效素材的画面并调整至合适的位置，如图 12-38 所示。

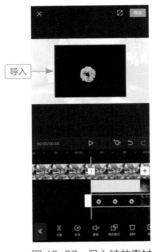

图 12-37　导入特效素材　　　　　图 12-38　调整特效素材

步骤 09 执行操作后，点击右上角的"导出"按钮，即可导出并看到电影中的"变身"效果，如图 12-39 所示。

图 12-39　播放预览视频效果

077　化身乌鸦，瞬间消失

　　下面介绍使用剪映 App 制作电影中"人变乌鸦"特效短视频的具体操作方法。

步骤 01　用三脚架固定手机不动，拍摄一段人物打响指的视频素材，如图 12-40 所示。

步骤 02　固定手机位置不变，拍摄一段没有人物的空场景视频素材，如图 12-41 所示。

图 12-40　第一段视频素材

图 12-41　第二段视频素材

步骤 03　在剪映 App 中按顺序导入两段视频素材，点击□图标，打开"转场"菜单，在"基础转场"选项卡中选择"向上擦除"转场，如图 12-42 所示。

步骤 04　向右拖曳白色圆圈滑块，将"转场时长"的参数设置为最大，如图 12-43 所示。

图 12-42　选择"向上擦除"转场

图 12-43　设置"转场时长"参数

步骤 05 点击✔按钮返回，点击一级工具栏中的"画中画"按钮，导入乌鸦素材，如图 12-44 所示。

步骤 06 在预览区域放大乌鸦素材的画面，使其铺满，点击"混合模式"按钮，选择"正片叠底"选项，如图 12-45 所示。

图 12-44　导入乌鸦素材　　　　图 12-45　选择"正片叠底"选项

步骤 07 拖曳画中画轨道至人物打响指的位置，如图 12-46 所示。

步骤 08 点击"音频"按钮，选择并导入合适的背景音乐，如图 12-47 所示。

图 12-46　拖曳画中画轨道　　　　图 12-47　导入背景音乐

步骤 09 点击右上角的"导出"按钮，即可导出并播放预览视频，可以看到人物打完响指后变成乌鸦飞走的效果，如图 12-48 所示。

图 12-48　播放预览视频效果

078　照片视频，变静为动

下面介绍使用剪映 App 制作全景照片变短视频效果的具体操作方法。

步骤 01 在剪映 App 中导入全景照片，点击"比例"按钮，如图 12-49 所示。

步骤 02 打开"比例"菜单后，选择 9 : 16 选项，如图 12-50 所示。

专家提醒

需要注意的是，在拍摄全景照片时，拍摄机器要保持水平，不能晃动，旋转时的速度也要放慢，四周环境的明暗最好不要相差太大，以防拼接出来的照片不够协调。

图 12-49　点击"比例"按钮

图 12-50　选择 9：16 选项

步骤 03 ❶选中视频轨道；❷用双指在预览区域放大视频画面并调整至合适位置，作为视频的片头画面，如图 12-51 所示。

步骤 04 拖曳视频轨道右侧的白色拉杆，将视频的播放时长调为 6s，如图 12-52 所示。

图 12-51　调整视频画面

图 12-52　调整播放时长

步骤 05 执行操作后，❶拖曳时间轴至视频轨道的起始位置；❷点击 ◇ 按钮，添加关键帧，如图 12-53 所示。

步骤 06 执行操作后，❶拖曳时间轴至视频轨道的结束位置；❷在预览区域调整视频画面至合适位置，作为视频的结束画面；❸关键帧自动生成，如图 12-54 所示。

图 12-53 添加关键帧　　　　图 12-54 生成关键帧

步骤 07 点击 « 按钮返回，点击"音频"按钮，导入合适的背景音乐，如图 12-55 所示。

步骤 08 执行操作后，❶拖曳时间轴至视频轨道的结束位置；❷选中音频轨道；❸点击"分割"按钮，删除多余的音频素材，如图 12-56 所示。

图 12-55 导入背景音乐　　　　图 12-56 点击"分割"按钮

步骤 09 执行操作后，点击"导出"按钮，即可导出并播放预览视频，效果如图 12-57 所示。可以看到全景照片变成了视频，从画面左边慢慢地移动到了右边。

图 12-57　播放预览视频效果

第 13 章
4 种效果，抖音热门

学前提示

　　抖音 App 上有许多热门、好玩的视频效果，想要让自己的短视频和 Vlog 也拥有这些效果吗？本章介绍使用剪映 App 制作"抖音片尾""秒变漫画""变身闪电"和"偷走影子"4 种视频效果的具体操作方法。

079 抖音片尾，黑白组合

下面介绍使用剪映 App 制作抖音片尾的具体操作方法。

步骤 01 在剪映 App
中导入白底视频素材，
点击"比例"按钮，
选择 9∶16 选项，如
图 13-1 所示。

步骤 02 点击 按钮
返回，点击"画中画"
按钮，❶选择一张照
片素材；❷点击"添加"
按钮，如图 13-2 所示。

步骤 03 执行操作后，
点击"混合模式"按
钮，打开"混合模式"
菜单后，选择"变暗"
选项，如图 13-3 所示。

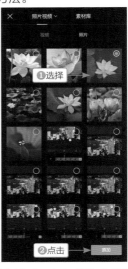

图 13-1　选择 9∶16 选项　图 13-2　点击"添加"按钮

步骤 04 在预览区域调整画中画素材的位置和大小，点击 按钮返回，点击"新
增画中画"按钮，如图 13-4 所示。

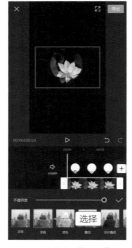

图 13-3　选择"变暗"选项　图 13-4　点击"新增画中画"按钮

步骤 05 进入"照片视频"界面后，选择黑底素材，点击"添加"按钮，导入黑底素材，如图 13-5 所示。

步骤 06 执行操作后，点击"混合模式"按钮，打开"混合模式"菜单后，选择"变亮"选项，如图 13-6 所示。

图 13-5　导入黑底素材

图 13-6　选择"变亮"选项

步骤 07 在预览区域调整黑底素材的位置和大小，如图 13-7 所示。

步骤 08 点击"导出"按钮，即可导出预览抖音片尾的效果，如图 13-8 所示。

图 13-7　调整黑底素材

图 13-8　抖音片尾效果

080 秒变漫画，惊奇美艳

下面介绍使用剪映 App 制作漫画人物效果的操作方法。

步骤 01 在剪映 App 主界面中点击"开始创作"按钮，进入"照片视频"界面，❶选择一张照片素材；❷点击"添加"按钮，如图 13-9 所示。

步骤 02 导入照片素材，进入"剪辑"界面，❶拖曳时间轴至合适位置；❷点击"分割"按钮，如图 13-10 所示。

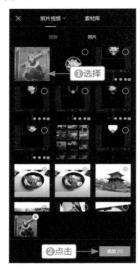

图 13-9　导入照片素材　　图 13-10　点击"分割"按钮

步骤 03 执行操作后，即可分割视频，选择第一段视频，拖曳右侧的白色拉杆，适当调整视频的长度，如图 13-11 所示。

步骤 04 采用同样的操作方法，调整第二段视频的长度，如图 13-12 所示。

图 13-11　调整第一段视频　　图 13-12　调整第二段视频
　　　　　的长度　　　　　　　　　　的长度

步骤 **05** 选择第二段视频，点击"剪辑"菜单中的"漫画"按钮，如图 13-13 所示。

步骤 **06** 执行操作后，显示漫画生成效果的进度，如图 13-14 所示。

图 13-13　点击"漫画"按钮　　　　图 13-14　显示生成效果的进度

步骤 **07** 执行操作后，即可将第二段视频变成漫画效果，如图 13-15 所示。

步骤 **08** 点击两段视频中间的 图标，如图 13-16 所示。

图 13-15　生成漫画效果　　　　　　图 13-16　点击相应图标

步骤 09 进入"转场"界面，选择"运镜转场"效果中的"推近"选项，如图 13-17 所示。

步骤 10 点击右下角的☑️按钮确认，即可添加转场效果，同时转场图标变成了⋈形状，如图 13-18 所示。

图 13-17　选择"推近"选项　　　　图 13-18　添加转场效果

步骤 11 点击右上角的"导出"按钮，导出并播放预览视频，效果如图 13-19 所示。可以看到，当画面经过"推近"运镜转场效果后，突然画风一转，视频中的人物变成了漫画风格的效果。

图 13-19　播放预览视频

081 变身闪电，快速穿梭

下面介绍使用剪映 App 制作"变身闪电侠"视频效果的操作方法。

步骤 01 用三脚架固定手机不动，拍摄一段人物在不同柱子下停留的视频素材，接着固定手机位置不变，拍摄一段没有人物的空场景素材，如图 13-20 所示。

图 13-20　拍摄视频素材

步骤 02 在剪映 App 中导入第一段视频素材，❶拖曳时间轴至人物站在第 1 根柱子停留的位置；❷点击"分割"按钮，如图 13-21 所示。

步骤 03 执行操作后，拖曳时间轴至人物站在第 2 根柱子停留时的位置，点击"分割"按钮，❶选中人物从第 1 根柱子走向第 2 根柱子的视频轨道；❷点击"删除"按钮，删除人物走动的这段视频，如图 13-22 所示。

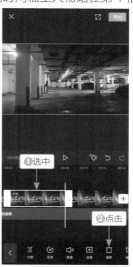

图 13-21　点击"分割"按钮　图 13-22　点击"删除"按钮

步骤 04 向右拖曳时间轴 2s，点击"分割"按钮，如图 13-23 所示。

步骤 05 执行操作后，拖曳时间轴至人物走到第 3 根柱子时的位置，点击"分割"按钮，❶选中人物从第 2 根柱子走向第 3 根柱子的视频轨道；❷点击"删除"按钮，如图 13-24 所示。

图 13-23　点击"分割"按钮　　图 13-24　点击"删除"按钮

步骤 06 向右拖曳时间轴 1s，点击"分割"按钮，如图 13-25 所示。

步骤 07 向右拖曳时间轴至人物走到第 4 根柱子时的位置，点击"分割"按钮，❶选中人物从第 3 根柱子走向第 4 根柱子的视频轨道；❷点击"删除"按钮，如图 13-26 所示。

图 13-25　点击"分割"按钮　　图 13-26　点击"删除"按钮

步骤 **08** 执行操作后，向右拖曳时间轴 1s，点击"分割"按钮，❶选中后面的视频素材；❷点击"删除"按钮，如图 13-27 所示。

步骤 **09** 删除多余的素材后，点击 ⊞ 按钮，导入空场景素材，如图 13-28 所示。

图 13-27　点击"删除"按钮　　　　图 13-28　导入空场景素材

步骤 **10** 向左拖曳时间轴至第一个分割点，依次点击"画中画"按钮和"新增画中画"按钮，❶导入闪电素材；❷点击"混合模式"按钮，如图 13-29 所示。

步骤 **11** 执行操作后，❶选择"滤色"选项；❷在预览区域将闪电素材画面调整至合适位置，如图 13-30 所示。

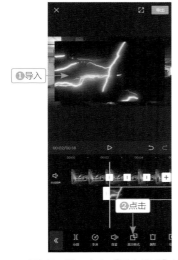

图 13-29　点击"混合模式"按钮　　　图 13-30　调整闪电素材的画面

步骤 12 点击 ✅ 按钮返回，❶向右拖曳时间轴至最后一个分割点；❷选中闪电
素材；❸点击"分割"按钮，如图 13-31 所示。

步骤 13 ❶选中后面的闪电素材；❷点击"删除"按钮，如图 13-32 所示。

图 13-31　点击"分割"按钮　　　　　图 13-32　点击"删除"按钮

步骤 14 点击右上角的"导出"按钮，即可导出并播放预览视频，效果如
图 13-33 所示。可以看到人物以闪电的速度从一根柱子走到另一根柱子的画面。

图 13-33　播放预览视频效果

082 偷走影子，出神入化

下面介绍使用剪映 App 制作"偷走影子"视频效果的操作方法。

步骤 01 拍摄一段花的空场景视频素材，如图 13-34 所示。

步骤 02 拍摄一段手拿走花的视频素材，如图 13-35 所示。

图 13-34 第一段视频素材

图 13-35 第二段视频素材

步骤 03 在剪映 App 中导入第一段花的空场景视频素材，点击"画中画"按钮，如图 13-36 所示。

步骤 04 点击"新增画中画"按钮，导入第二段手拿走花的视频素材，如图 13-37 所示。

图 13-36 点击"画中画"按钮

图 13-37 导入视频素材

步骤 05 执行操作后，❶双指在预览区域放大画中画素材的画面，使其铺满预览区域；❷点击下方工具栏中的"蒙版"按钮，如图 13-38 所示。

步骤 06 在"蒙版"菜单中，❶选择"线性"蒙版；❷双指在预览区域旋转蒙版，使其盖住手的部分，露出影子的部分，如图 13-39 所示。

图 13-38　点击"蒙版"按钮　　　　图 13-39　旋转蒙版

步骤 07 执行操作后，点击右上角的"导出"按钮，即可导出并播放预览视频，效果如图 13-40 所示。可以看到花没有被拿走，但是花的影子却被一只手影拿走的视频画面。

图 13-40　播放预览视频效果

第 14 章
5 种效果，快手爆款

学前提示

　　在快手 App 上有很多爆款短视频，但用户制作起来却有一定的难度，不知道如何操作。本章介绍使用剪映 App 制作"超强魔法""徒手抓月""人物消失""控水魔术"和"一飞冲天"5 种短视频效果的制作方法。

083 奇异博士，超强魔法

下面介绍使用剪映 App 制作"奇异博士"短视频的具体操作方法。

步骤 01 用三脚架固定手机位置不动，拍摄一段人物做"释放魔法"动作的视频素材，如图 14-1 所示。

图 14-1 拍摄视频素材

步骤 02 在剪映 App 中导入拍摄的视频素材，❶拖曳时间轴至人物双手交叉的位置；❷点击"画中画"按钮，如图 14-2 所示。

步骤 03 点击"新增画中画"按钮，❶导入第一段特效素材；❷点击"混合模式"按钮，如图 14-3 所示。

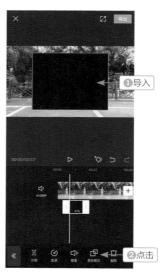

图 14-2 点击"画中画"按钮　　　　图 14-3 点击"混合模式"按钮

步骤 04 ❶在"混合模式"菜单中选择"滤色"选项；❷在预览区域调整画中画素材的大小和位置，如图 14-4 所示。

步骤 05 点击✔按钮返回，❶拖曳时间轴至人物刚好张开手臂时的位置；❷点击"新增画中画"按钮，如图 14-5 所示。

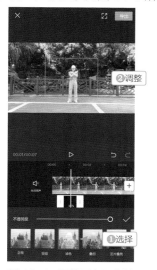

图 14-4　调整画中画素材

图 14-5　点击"新增画中画"按钮

步骤 06 执行操作后，❶导入第二段魔法盾特效素材；❷点击"混合模式"按钮，如图 14-6 所示。

步骤 07 ❶在"混合模式"菜单中选择"滤色"选项；❷在预览区域调整魔法盾特效素材的大小和位置，如图 14-7 所示。

图 14-6　点击"混合模式"按钮

图 14-7　调整魔法盾特效素材

步骤 **08** 点击✓按钮返回，再次导入魔法盾特效素材，采用同样的操作方法对其进行抠像操作，并在预览区域调整素材的大小和位置，如图 14-8 所示。

步骤 **09** 执行操作后，点击✓按钮返回，点击一级工具栏中的"调节"按钮，如图 14-9 所示。

图 14-8　调整魔法盾特效素材　　　　图 14-9　点击"调节"按钮

步骤 **10** 打开"调节"菜单后，❶选择"亮度"选项；❷向左拖曳白色圆圈滑块，适当调整亮度参数，使其特效素材更加明显，如图 14-10 所示。

步骤 **11** 执行操作后，点击✓按钮返回，拖曳调节轨道两侧的白色拉杆，使其与视频轨道的长度保持一致，如图 14-11 所示。

图 14-10　调整亮度参数　　　　图 14-11　调整调节轨道

步骤 12 执行操作后，点击右上角的"导出"按钮，即可导出并播放预览视频，效果如图 14-12 所示。

图 14-12　播放预览视频效果

084　徒手抓月，光彩夺目

下面介绍使用剪映 App 制作浪漫的"徒手抓月"短视频的具体操作方法。

步骤 01 用三脚架固定手机位置不动，拍摄一段人物把月亮抓下来又抛上去的手势动作的视频素材，如图 14-13 所示。

图 14-13　拍摄视频素材

步骤 02 在剪映 App 中导入拍摄的视频素材，❶拖曳时间轴至人物刚好要抓月亮的位置；❷依次点击"画中画"按钮和"新增画中画"按钮，如图 14-14 所示。

步骤 03 执行操作后，❶导入月亮素材；❷点击下方工具栏中的"混合模式"按钮，如图 14-15 所示。

图 14-14　点击"新增画中画"按钮　　　图 14-15　点击"混合模式"按钮

步骤 04 在"混合模式"菜单中，❶选择"滤色"选项；❷双指在预览区域调整素材的位置和大小，如图 14-16 所示。

步骤 05 点击✓按钮返回，❶向右拖曳时间轴至烟花刚要出现的位置；❷选中视频轨道；❸点击"分割"按钮，如图 14-17 所示。

图 14-16　调整素材　　　　　　　图 14-17　点击"分割"按钮

步骤 06 ▶ 执行操作后，❶选中后面的视频素材；❷点击"调节"按钮，如图 14-18 所示。

步骤 07 ▶ 打开"调节"菜单后，❶选择"亮度"选项；❷向左拖曳白色圆圈滑块，适当降低画面亮度，如图 14-19 所示。

图 14-18 点击"调节"按钮   图 14-19 调整亮度参数

步骤 08 ▶ 执行操作后，点击右上角的"导出"按钮，即可导出并播放预览视频，效果如图 14-20 所示。可以看到人物抓下月亮后，再抛上去就变成了烟花的画面。

图 14-20 播放预览视频效果

085 人物消失，粒子特效

下面介绍使用剪映 App 制作"人物变成粒子消失"短视频的具体操作方法。

步骤 01 用三脚架固定手机位置不动，拍摄一段人物假装向地上扔东西的视频素材，如图 14-21 所示。

步骤 02 固定手机位置不变，拍摄一段没有人物的空场景视频素材，如图 14-22 所示。

图 14-21 第一段视频素材   图 14-22 第二段视频素材

步骤 03 在剪映 App 中按顺序导入拍摄的视频素材，点击两个视频轨道中间的 I 图标，如图 14-23 所示。

步骤 04 进入"转场"编辑界面，在"基础转场"选项卡中选择"叠化"转场，如图 14-24 所示。

图 14-23 点击相应图标   图 14-24 选择"叠化"转场

步骤 05 执行操作后，拖曳转场时长右侧的白色圆圈滑块，将转场时长设置为 1s，如图 14-25 所示。

步骤 06 点击 ✓ 按钮返回，❶拖曳时间轴至人物刚准备扔的位置；❷点击"画中画"按钮，如图 14-26 所示。

图 14-25 设置转场时长

图 14-26 点击"画中画"按钮

步骤 07 点击"新增画中画"按钮，❶导入粒子素材；❷点击"混合模式"按钮，如图 14-27 所示。

步骤 08 打开"混合模式"菜单后，选择"滤色"选项，如图 14-28 所示。

图 14-27 点击"混合模式"按钮

图 14-28 选择"滤色"选项

步骤 **09** 点击☑️按钮返回，双指在预览区域适当调整粒子素材的位置和大小，如图 14-29 所示。

步骤 **10** 点击"音频"按钮，添加合适的背景音乐，如图 14-30 所示。

图 14-29　调整粒子素材

图 14-30　添加背景音乐

步骤 **11** 执行操作后，点击右上角的"导出"按钮，即可导出并播放预览视频，效果如图 14-31 所示。可以看到人物向地上扔出粒子素材后就消失的画面。

图 14-31　播放预览视频效果

086　控水魔术，超燃超酷

下面介绍使用剪映 App 制作"控水魔术"短视频的具体操作方法。

步骤 01 用三脚架固定手机位置不动，拍摄一段人物挤压水瓶，假装有水出来的视频素材，如图 14-32 所示。

图 14-32　拍摄视频素材

步骤 02 在剪映 App 中导入拍摄的视频素材，❶拖曳时间轴至人物挤压水瓶的位置；❷点击"画中画"按钮，如图 14-33 所示。

步骤 03 点击"新增画中画"按钮，❶导入水喷出的视频素材；❷点击"混合模式"按钮，如图 14-34 所示。

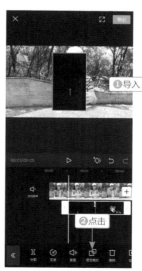

图 14-33　点击"画中画"按钮　　图 14-34　点击"混合模式"按钮

步骤 04 打开"混合模式"菜单后，选择"滤色"选项，如图 14-35 所示。

步骤 05 执行操作后，在预览区域适当调整素材的位置和大小，如图 14-36 所示。

图 14-35　选择"滤色"选项

图 14-36　调整素材

步骤 06 执行操作后，点击右上角的"导出"按钮，即可导出并播放预览视频，效果如图 14-37 所示。可以看到人物把水从瓶子里挤出来后，让水在空中浮动的画面。

图 14-37　播放预览视频效果

087　一飞冲天，直冲云霄

下面介绍使用剪映 App 制作人物"一飞冲天"短视频的具体操作方法。

步骤 01　用三脚架固定手机位置不动，拍摄一段人物起跳的视频素材，如图 14-38 所示。

步骤 02　固定手机位置不变，拍摄一段没有人物的空场景视频素材，如图 14-39 所示。

图 14-38　第一段视频素材

图 14-39　第二段视频素材

步骤 03　在剪映 App 中导入人物起跳的视频素材，❶拖曳时间轴至人物跳到最高的位置；❷选中视频轨道；❸点击"分割"按钮，如图 14-40 所示。

步骤 04　执行操作后，❶选中后面的视频素材；❷点击"删除"按钮，如图 14-41 所示。

图 14-40　点击"分割"按钮

图 14-41　点击"删除"按钮

步骤 05 执行操作后，点击时间线区域的 + 按钮，❶导入空场景视频素材；❷点击"画中画"按钮，如图 14-42 所示。

步骤 06 点击"新增画中画"按钮，❶导入地面灰尘素材；❷点击"混合模式"按钮，如图 14-43 所示。

图 14-42 点击"画中画"按钮　　　图 14-43 点击"混合模式"按钮

步骤 07 打开"混合模式"菜单后，❶选择"滤色"选项；❷在预览区域调整地面灰尘素材的位置和大小，如图 14-44 所示。

步骤 08 点击 ✓ 按钮返回，向左拖曳画中画轨道，使其开始位置与人物准备起跳的位置对齐，如图 14-45 所示。

图 14-44 调整地面灰尘素材　　　图 14-45 调整画中画轨道

步骤 **09** ❶拖曳时间轴至人物跳到最高的位置；❷依次点击"画中画"按钮和"新增画中画"按钮，导入人物残影素材；❸点击"混合模式"按钮，如图 14-46 所示。

步骤 **10** ❶打开"混合模式"菜单后，选择"正片叠底"选项；❷在预览区域适当调整人物残影素材的位置和大小，如图 14-47 所示。

图 14-46　点击"混合模式"按钮

图 14-47　调整人物残影素材

步骤 **11** 执行操作后，点击右上角的"导出"按钮，即可导出并播放预览视频，可以看到人物起跳后就消失的画面，效果如图 14-48 所示。

图 14-48　播放预览视频效果

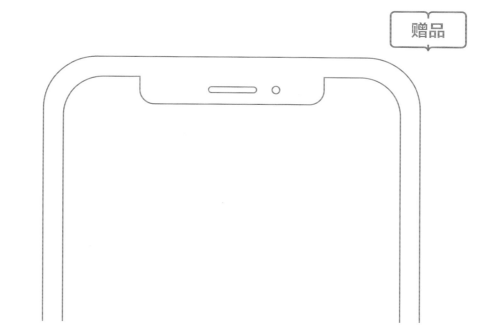

短视频拍摄与Vlog运镜
技巧手册

清华大学出版社

01 光线运用，突出层次

我们如今所说的光线，大都可以分为自然光与人造光。如果这个世界没有光线，那么世界就会呈现出一片黑暗的景象，所以光线对于视频拍摄来说至关重要，也决定着视频的清晰度。

例如，光线比较暗淡的时候，拍摄的视频就会模糊不清，即使手机像素很高，也可能存在此种问题。而光线比较明亮的时候，用手机拍摄的视频画面也会比较清晰。下面主要介绍顺光、侧光和逆光这 3 种常见自然光线的拍摄技巧，帮助大家用光影来突出短视频的层次与空间感。

1. 顺光

顺光是指照射在被摄物体正面的光线，其主要特点是受光非常均匀，画面比较通透，不会产生非常明显的阴影，而且色彩也非常艳丽。采用顺光拍摄的手机视频作品，能够让视频拍摄主体更好地呈现出自身的细节和色彩，从而进行细腻的描述。

2. 侧光

侧光是指光源的照射方向与手机视频拍摄方向呈直角状态，即光源是从视频拍摄主体的左侧或右侧直射过来的光线，因此被摄物体受光源照射的一面非常明亮，而另一面则比较阴暗，画面的明暗层次感非常分明。

3. 逆光

逆光是指拍摄方向与光源照射方向刚好相反，也就是将镜头对着光拍摄，可以产生明显的剪影效果，从而展现出被摄对象的轮廓线条。如果用逆光拍摄树叶或者小草的话，还会使主体呈现晶莹剔透之感。

02 拍摄距离，把握远近

顾名思义，拍摄距离是指镜头与视频拍摄主体之间的远近距离。拍摄距离的远近，能够在手机镜头像素固定的情况下改变视频画面的清晰度。一般来说，距离镜头越远视频画面越模糊，距离镜头越近视频画面越清晰，当然，这个"近"也是有限度的，过分的近距离也会使视频画面因为失焦而变得模糊。

一般在拍摄视频的时候，我们会用两种方法来控制镜头与视频拍摄主体的距离。

第一种是靠手机里自带的变焦功能，将远处的视频拍摄主体拉近，这种方法主要适用于被摄对象较远，无法短时间到达，或者被摄对象处于难以到达的地方。

通过手机的变焦功能，能够将远处的景物拉近，然后再进行视频拍摄，就很好地解决了这一问题。在视频拍摄过程中，采用变焦拍摄的好处就是免去了拍摄者因距离远近而跑来跑去的麻烦，只需要站在同一个地方也可以拍摄到远处的景物。

如今，很多手机都可以实现变焦功能。大部分情况下，手机变焦可以通过两个手指头，一般是拇指与食指，按住视频拍摄界面开合手指放大或者缩小，就能够实现视频拍摄镜头的拉近或者推远。下面笔者以华为手机视频拍摄时的变焦设置为例，为大家讲解如何设置手机变焦功能。

打开手机相机，点击录像按钮■，进入视频拍摄界面之后，用双指在屏幕上开合即可进行视频拍摄的变焦设置，如下图所示。当然，使用这种变焦方法拉近视频拍摄主体，其画质也会受到手机镜头本身像素的影响而变差。

华为手机视频拍摄变焦设置

第二种是短时间能够到达或者容易到达的地方，就可以通过移动拍摄者位置来达到缩短拍摄距离的效果。

专家提醒

在手机视频拍摄过程中使用变焦设置，一定要把握好变焦的程度，远处景物会随着焦距的拉近而变得不清晰。所以，为保证视频画面的清晰度，变焦要适度。

03 场景变化，自然切换

场景的转换看上去很容易，只是简单地将镜头从一个地方移动到另一个地方。然而，在影视剧的拍摄当中，场景的转换至关重要，它不仅关系到作品中剧情的走向或视频中事物的命运，也关系到视频的整体视觉感官效果。

如果一段视频中的场景转换十分生硬，除非是特殊的拍摄手法或者是导演想要表达特殊的含义之外，这种生硬的场景转换，会使视频的质量大大降低。在影视剧当中，场景的转换一定要自然流畅，形如流水、恰到好处的场景转换才能使视频的整体质量大大提升。

手机短视频拍摄中的场景转换，笔者将其分为两种类型来讲解。

一种是，同一个镜头中，一段场景与另一段场景的变化，这种场景之间的转换就需要自然得体，符合视频内容或故事走向。

另一种是一个片段与另一个片段之间的转换，稍微专业一点来说就是转场，转场就是多个镜头之间的画面切换。这种场景效果的变换就需要用到手机视频后期处理软件来实现。

具有转场功能的手机视频处理软件非常多，笔者推荐的是剪映 APP。大家可以下载剪映 APP 之后，导入两段及其以上的视频，进入"转场"界面就可以为视频设置转场效果。

专家提醒

用户在拍摄具有故事性的手机视频时，一定要注意场景变换会给视频故事走向带来的巨大影响。一般来说，场景转换时出现的画面都会带有某种寓意或者象征故事的某个重要环节，所以场景转换时的画面，一定要与整个视频内容有关系。

04 前景装饰，提升效果

前景，最简单的解释就是位于视频拍摄主体与手机镜头之间的事物。而前景装饰就是指在视频拍摄当中起装饰作用的前景元素。

前景装饰可以使视频画面具有更强烈的纵深感和层次感，同时也能大大丰富视频画面的内容，使视频更加鲜活、饱满。因此，我们在进行视频拍摄时，可以将身边能够充当前景的事物拍摄到视频画面当中来。

专家提醒

　　在使用前景装饰的方式拍摄视频时，要注意前景装饰毕竟只是作为装饰而存在，切不可面积过大抢了视频拍摄主体的"风头"，所以在实际的视频拍摄过程当中，大家要注意前景装饰的大小要适度，万不可反客为主。

05 均匀呼吸，避免抖动

　　呼吸能引起胸腔的起伏，在一定程度上能带动上肢，也就是双手的运动，所以呼吸声可能会影响视频拍摄的画质。一般来说，呼吸声较大较剧烈时，双臂的运动幅度也会增加。所以，能够很好地控制呼吸的大小，可以在一定程度上增加视频拍摄的稳定性，从而增强视频画面的清晰度。尤其是用双手端举手机进行拍摄的情况下，这种呼吸声带来的反应非常明显。

　　用户要想保持平稳与均匀的呼吸，在视频拍摄之前切记不要做剧烈运动，或者等呼吸平稳了再开始拍摄视频。此外，在拍摄过程中，用户也要做到"小、慢、轻、匀"，即呼吸声要小，身体动作要慢，呼吸要轻、要均匀。

专家提醒

　　在视频的拍摄过程中，除了呼吸声的控制之外，还要注意手部动作及脚下动作的稳定。身体动作过大或者过多，都会引起手中手机的摇晃，且不论摇晃幅度的大小，只要手机发生摇晃，除非是特殊的拍摄需要，否则都会对视频画面产生不良的影响。所以，在拍摄视频时，一定要注意身体动作与呼吸声的均匀，最好是呼吸声能与平稳均匀的身体动作保持一致。

　　在呼吸声较平稳较小的情况下，拍摄出来的视频画面就会相对清晰。另外，如果手机本身就具有防抖功能，一定要开启，也可以在一定程度上使视频画面稳定。

06 背景虚化，拍出景深

　　使用手机拍摄视频时，想要拍摄出背景虚化的效果，就要让焦距尽可能地放大，但焦距放大大视频画面也容易变模糊。因此，背景虚化的关键点在于拍摄距离、对焦和背景选择。

1. 拍摄距离

如今，大多数手机都采用大光圈镜头，带有背景虚化功能，当主体聚焦清晰时，从该物体前面的一段距离到其后面的一段距离内的所有景物也都是清晰的。焦距放得越大，画面就会越模糊。用户在拍摄视频时，可以根据不同的拍摄场景来设置合适的焦距倍数。

2. 对焦

对焦就是在拍摄视频时，在手机镜头能对焦的范围内，离拍摄主体越近越好，在屏幕中点击拍摄主体，即可对焦成功，这样就能获得清晰的主体。

3. 选择好背景

选择好背景，可以使拍摄出来的视频效果更好。在选择背景时，尽量选择干净的背景，让视频画面看上去更简洁。选择视频的背景，对整个画面会产生很大的影响，如果主体选得好，而背景选得不理想的话，画面的整体效果也会大打折扣。

07 剪影拍摄，展现轮廓

剪影拍摄在人像中是比较常用的构图方法，因为在逆光的角度下，人像会变得非常唯美。半剪影或剪影人像类的视频，主要是采用侧逆光或者逆光的光线，降低人物部分的曝光度，使其在画面中呈现出漆黑的剪影形式，可以更好地集中欣赏者的视线，完整地诠释被摄人物的肢体动作。

1. 侧逆光拍摄

在侧逆光环境下，可以让人像看上去更具形式感，不同的阴影位置和长度可以创造出不同的画面效果。同时，画面的明暗对比也非常强烈，增强了画面的活力和气氛。另外，背景中的太阳光作为画面的陪体，让画面的色彩更加浓烈，可以对画面起到很好的烘托作用。

在侧逆光下拍摄半剪影效果时，光线会在人物周围产生耀眼的轮廓光，强烈地勾勒出人物的轮廓和外观，质感也非常强烈。

专家提醒

建议大家可以选择在早晨太阳升起后和傍晚太阳落山前 1 小时左右来拍摄半剪影或剪影的视频，因为在这个时间点拍摄的剪影视频效果最好。

2. 逆光拍摄

在逆光拍摄时，才能拍出完全漆黑的剪影效果，也就是拍摄者要迎着光源，让光线被主体（人物或物体）挡住，这样主体就会因曝光不足而导致出现一个几乎全黑的轮廓，从而实现特殊的创意与画面表现。

08 镜头滤镜，提高格调

智能手机自带的相机通常都有很多滤镜效果，在录制一些特别的画面时，使用这些滤镜可以强化画面的气氛，让画面更有代入感。我们在使用手机拍摄视频时，只需要点击滤镜按钮，然后将镜头对准拍摄对象，即可实时预览各种滤镜的拍摄效果，选择一个合适的滤镜即可，如下图所示。不同手机的滤镜类型和效果程度虽然不同，但操作方法都比较简单，大家可以自行摸索。

例如，在拍摄美食视频时，我们可以使用"美食"滤镜来拍摄，能够让视频画面中的家常菜变得更加诱人，让人看起来更有食欲。

再如，在拍摄风光视频时，我们可以使用"风景"等类型的滤镜来拍摄，通过对画面的色彩和影调进行调整，能够让普通的风景变得更有质感。

实时预览滤镜的拍摄效果

09 精准聚焦，保证清晰

如果用户在拍摄短视频时，主体对焦不够准确，则很容易造成画面模糊的现象。为了避免出现这种情况，最好的方法就是使用支架、手持稳定器、自拍杆或其他物体来固定手机，防止镜头在拍摄时抖动。

另外，用户还可以在拍摄短视频时点击屏幕，让相机的焦点对准画面中的主角，然后再点击录像按钮开始录制视频，这样既可获得清晰的视频画面，同时还能突出主体对象。例如，抖音的对焦功能比较简单，用户在拍摄视频时直接点击屏幕即可切换对焦点的位置。快手则多了曝光调整功能，用户不仅可以切换对焦点，还可以拖曳太阳图标 ☀ 来精准控制画面的曝光范围。

10 相机设置，提升画质

在拍摄短视频之前，用户需要选择正确的分辨率和文件格式，通常建议将分辨率设置为 1080P(FHD)、18 ： 9(FHD+) 或者 4K(UHD)。

1080P 又可以称为 FHD(即 FULL HD)，是 Full High Definition 的缩写，即全高清模式，一般能达到 1920×1080 的分辨率。

18 ： 9(FHD+) 是一种略高于 2K 的分辨率，也就是加强版的 1080P。

UHD(Ultra High Definition 的缩写) 是一种超高清模式，即通常所指的 4K，其分辨率 4 倍于全高清 (FHD) 模式。

例如，抖音短视频的默认竖屏分辨率为 1080×1920、横屏分辨率为 1920×1080。用户在抖音上传拍好的短视频时，系统会对其压缩，因此建议用户先对视频进行修复处理，避免上传后产生模糊的现象。

11 黄金分割，完美比例

黄金分割构图法是以 1 ： 1.618 这个黄金比例作为基本理论，可以让我们拍摄的视频画面更自然、舒适、赏心悦目，更能吸引观众的眼球。如下图所示为采用黄金比例线构图拍摄的视频画面，能够让观众的视觉点瞬间转移到蜻蜓主体上。

黄金比例线是在九宫格的基础上，将所有线条分成 3/8、2/8、3/8 这 3 条线段，则它们中间的交叉点就是黄金比例点，是画面的视觉中心。在拍摄视频时，可以将要表达的主体放置在这个黄金比例线的比例点上，让观众的视觉焦点一下就落在主体上。

黄金比例线构图拍摄的视频示例

黄金分割线还有一种特殊的表达方法，那就是黄金螺旋线，它是根据斐波那契数列画出来的螺旋曲线，是自然界最完美的经典黄金比例。很多手机相机都自带了黄金螺旋线构图辅助线，用户在拍摄时直接打开该功能，然后将螺旋曲线的焦点对准主体即可。

12 用九宫格，均衡画面

九宫格构图又叫井字形构图，是指用横竖各两条直线将画面等分为 9 个空间，不仅可以让画面更加符合人们的视觉习惯，而且还能突出主体、均衡画面。使用九宫格构图拍摄视频，不仅可以将主体放在 4 个交叉点上，也可以将其放在 9 个空间格内，可以使主体非常自然地成为画面的视觉中心。

当然，九宫格构图中的不同位置也有不同的视觉效果。例如，在 4 个交叉点中，上面的两个点就比下面的两个点更能呈现事物的变化与动感，因此为画面带来的活力也更强一些。

13 找水平线，稳定画面

水平线构图就是以一条水平线来进行构图取景，给人带来辽阔和平静的视觉感受。水平线构图需要前期多看、多琢磨，寻找一个好的拍摄地点进行拍摄。水平线构图方式对于摄影师的画面感有着比较高的要求，看似最为简单的构图反而常常要花费最多的时间去拍摄出一个好的视频作品。

对于水平线构图的拍法最主要的就是寻找到水平线，或者与水平线平行的直线，笔者在这里分为两种类型为大家讲解。

第一种就是直接利用水平线进行视频的拍摄。

第二种就是利用与水平线平行的线进行视频的拍摄。

专家提醒

在使用水平线构图拍摄视频的时候，要注意水平线的选择是否得当。一般来说，在比较宽广的水面上自然是很容易取得水平线的。此外，宽阔的草原、广袤的沙漠和起伏较小的山脉等，在与天交界的地方所形成的线都可以视为水平线。

14 选三分线，协调画面

三分线构图是指将画面从横向或纵向分为三部分，在拍摄视频时，将对象或焦点放在三分线的某一位置上进行构图取景，让对象更加突出，让画面更加美观。

采用三分线构图拍摄手机视频最大的优点就是，将主体放在偏离画面中心三分之一处，使画面不至于太枯燥或呆板，还能突出视频的拍摄主题，使画面紧凑有力。此外，它还能使视频画面具有一定的平衡感，让画面的左右部分更加协调。

三分线构图的拍摄方法十分简单，只需要将视频拍摄主体放置在拍摄画面的横向或者纵向三分之一处即可。

大家记住，三分线构图的关键：一是以突出画面的主体为主，即将三分线的位置放在主体对象上；二是以衬托画面的主体为主，即将三分线的位置放在辅体对象上，来衬托其他三分之二的主体。

15 斜线构图，独特视角

斜线构图主要利用画面中的斜线来展现物体的运动、变化和透视规律，可以让视频画面更有活力感和节奏感。

斜线的纵向延伸可加强画面深远的透视效果，斜线构图的不稳定性则可以使画面富有新意，给观众带来独特的视觉效果。

在拍摄手机短视频时，想要取得斜线构图效果也不是难事，一般来说利用斜线构图拍摄视频主要有以下两种方法。

第一种是利用视频拍摄主体本身具有的线条构成斜线。

第二种是利用周围环境，为视频拍摄主体构成斜线。

16 对称构图，相互呼应

对称构图是指画面中心有一条线把画面分为对称的两份，可以是画面上下对称，也可以是画面左右对称，或者是画面的斜向对称，这种对称画面会给人一种平衡、稳定、和谐的视觉感受。

17 圆形构图，视觉饱满

采用圆形构图拍摄视频，可以更直接地表达主题，也更容易创造引人关注的画面。圆形构图有着强大的向心力，拍摄的视频画面能够给观众带来饱满、完整、柔和及聚拢的视觉感受。

一般来说，圆形构图利用的是视频拍摄主体本身的圆形形状，也有一种方法是运用圆形轮廓将拍摄的事物圈于圆形之中，从而形成圆形构图。除了正圆形构图之外，还有椭圆形构图，椭圆形构图更加具有动态的律动感。

18 框式构图，突出主体

框式构图也叫框架式构图，也有人称为窗式构图或隧道构图。框式构图的特征是借助某个框式图形来构图，而这个框式图形可以是规则的，也可以是不规则的，可以是方形的，也可以是圆形的，甚至是多边形的。

框式构图主要是通过门窗等作为前景形成框架，透过门窗框的范围引导欣赏者的视线至被摄对象上，使视频画面的层次感得到增强，同时具有更多的趣味性，形成不一样的画面效果。

专家提醒

框式构图其实还有一种更高级的玩法，大家可以尝试一下，就是逆向思维，通过对象来突出框架本身的美，这里是指将对象作为辅体，框架作为主体。

想要拍摄框式构图的视频画面，就需要寻找到能够作为框架的物体，这就需要我们在日常生活中多仔细观察，留心身边的事物。

19 透视构图，空间美感

透视构图是指视频画面中的某一条线或某几条线，有由近及远形成的延伸感，能使观众的视觉沿着视频画面中的线条汇聚成一点。

在手机视频拍摄中，透视构图可以分为单边透视和双边透视：单边透视是指视频画面中只有一边带有由远及近形成延伸感的线条，能增强视频拍摄主体的立体感；双边透视则是指视频画面两边都带有由远及近形成延伸感的线条，能很好地汇聚观众的视线，使视频画面更具有动感和深远意味。

透视构图本身就有"近大远小"的规律，这些透视线条能让观众的眼睛沿着线条指向的方向看去，有引导观众视线的作用。想要拍摄透视构图最重要的自然是找到有透视特征的事物，例如一条由近到远的马路、围栏或者走廊等。

20 中心构图，抓人眼球

中心构图就是将拍摄主体放置在视频画面的中心进行拍摄，其最大的优点在于主体突出、明确，而且画面可以达到上下左右平衡的效果，更容易抓人眼球。

专家提醒

中心构图法看上去非常简单，其实也需要注意一些细节，如选择简洁的背景或者利用虚实对比来衬托画面主体，同时可以与正方形画幅搭配效果更佳。

21 镜头类型，适时选择

镜头拍摄包括两种常用类型，分别为固定镜头和运动镜头。固定镜头就是指在拍摄短视频时，镜头的机位、光轴和焦距等都保持固定不变，适合拍摄主体有运动变化的对象，如延时视频、车水马龙和日出日落等画面。

运动镜头则是指在拍摄的同时会不断调整镜头的位置和角度，也可以称之为移动镜头。因此，在拍摄形式上，运动镜头要比固定镜头更加多样化，常见的运动镜头包括推拉运镜、横移运镜、摇移运镜、甩动运镜、跟随运镜、升降运镜及环绕运镜等。用户在拍摄短视频时可以熟练使用这些运镜方式，更好地突出画面细节和表达主题内容，从而吸引更多用户关注你的作品。

运镜的基础是稳定，不管用户使用的是手机，还是相机或者摄像机，在拍摄时保持器材的稳定是获得优质画面的基础。建议用户在采用运镜手法拍摄短视频时，尽量用云台稳定器来固定拍摄设备，从而避免画面产生不必要的抖动模糊。

22 镜头角度，选好视角

在使用运镜手法拍摄短视频前，用户首先要掌握各种镜头角度，如平角、斜角、仰角和俯角等，熟悉角度后能够让你在运镜时更加得心应手。

(1) 平角：即镜头与拍摄主体保持水平方向的一致，镜头光轴与对象 (中心点) 齐高，能够更客观地展现拍摄对象的原貌。

(2) 斜角：即在拍摄时将镜头倾斜一定的角度，从而产生一定的透视变形的画面失调感，能够让视频画面显得更加立体。

(3) 仰角：即采用低机位仰视的拍摄角度，能够让拍摄对象显得更加高大。

(4) 俯角：即采用高角度俯视的拍摄角度，可以让拍摄对象看上去更加弱小，适合拍摄建筑、街景、风光、美食或花卉等短视频题材，能够充分展示主体的全貌。

专家提醒

俯角镜头因其角度的不同，又可以分为 30°俯拍、45°俯拍、60°俯拍和 90°俯拍等，俯拍的角度不一样，拍摄出来的视频带来的感受也是有很大区别的。

23 镜头景别，取景范围

镜头景别是指手机镜头与拍摄对象的距离。下面介绍短视频和各种影视画面中常用到的 9 种镜头景别方式。

(1) 大远景镜头：这种镜头景别的视角非常大，适合拍摄城市、山区、河流、沙漠或者大海等户外类短视频题材，尤其适合用于片头部分，通常使用大广角镜头拍摄，能够将主体所处的环境完全展现出来。

(2) 全远景镜头：通常用于拍摄高度和宽度都比较充足的室内或户外场景，可以更加清晰地展现主体的外形形象和部分细节，以及更好地表现短视频拍摄的时间和地点。

专家提醒

大远景镜头和全远景镜头的区别除了拍摄的距离不同外，大远景镜头对于主体的表达是不够的，主要用于交代环境；而全远景镜头则在交代环境的同时，也兼顾了主体的展现。

(3) 远景：这种镜头景别的主要功能就是展现人物或主体的"全身面貌"，通常使用广角镜头拍摄，视频画面的视角非常广，但拍摄的距离却比较近，能够将人物的整个身体完全拍摄出来，包括性别、服装、表情、手部和脚部的肢体动作，还可以用来表现多个人物的关系。

(4) 中远景：很多电影画面会用到这种镜头景别，就是镜头在向前推动的过程中，逐渐放大主体 (如人物) 时首先裁剪掉主体一部分的景别，适用于室内或户外的拍摄场景。中远景镜头景别可以更好地突出人物主体的形象，以及清晰地刻画人物的服饰造型等细节特点。

(5) 中景：从人物的膝盖部分向上至头顶，不但可以充分展现人物的面部表情、发型发色和视线方向，同时还可以兼顾人物的手部动作。

(6) 中近景：这种镜头景别主要是将镜头下方的取景边界线卡在人物的胸部位置上，重点用来刻画人物的面部特征，如表情、妆容、发型、视线和嘴部动作等，而对于人物的肢体动作和所处环境的交代则基本可以忽略。

(7) 特写：这种镜头景别主要着重刻画人物的整个头部画面，包括下巴、眼睛、头发、嘴巴和鼻子等细节之处。特写镜头景别可以更好地展现人物面部的情绪，包括表情和神态等细微动作，如低头微笑、仰天痛哭、眉头微皱和惊愕诧异等，从而渲染出短视频的情感氛围。

(8) 大特写：这种镜头景别主要针对人物的脸部来进行取景拍摄，能够清晰地展现人物脸部的细节特征和情绪变化。很多热门 Vlog 类短视频都是以剧情创作为主，而大特写镜头就是一种推动剧情更好地发展的镜头语言。

(9) 极特写：这是一种纯细节的镜头景别形式，也就是说，我们在拍摄时将手机镜头只对准人物的眼睛、嘴巴或者手部等某个局部，进行细节的刻画和描述。

24 推拉运镜，前进后退

推拉运镜是短视频中最为常见的运镜方式，通俗来说就是一种"放大画面"或"缩小画面"的表现形式，如下图所示。

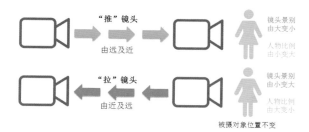

推拉运镜的操作方法

1. "推"镜头

"推"镜头是指从较大的景别将镜头推向较小的景别，如从远景推至近景，从而突出用户要表达的细节，将这个细节之处从镜头中凸显出来，让观众注意到。

2. "拉"镜头

"拉"镜头的运镜方向与"推"镜头正好相反，先用特写或近景等景别，将镜头靠近主体拍摄，然后再向远处逐渐拉出，拍摄远景画面。

(1) 适用场景：剧情类视频的结尾，以及强调主体所在的环境。

(2) 主要作用：可以更好地渲染短视频的画面气氛。

25 横移运镜，左右移动

横移运镜是指拍摄时镜头按照一定的水平方向移动，与推拉运镜向前后方向上运动的不同之处在于，横移运镜是将镜头向左右方向运动，如右图所示。横移运镜通常用于剧中的情节，如人物在沿直线方向走动时，镜头也跟着横向移动，更好地展现出空间关系，而且能够扩大画面的空间感。

横移运镜的操作方法

专家提醒

在使用横移运镜拍摄短视频时，用户可以借助摄影滑轨设备，来保持手机或相机的镜头在移动拍摄过程中的稳定性。

26 摇移运镜，转动镜头

摇移运镜是指保持机位不变，然后朝着不同的方向转动手机镜头，镜头运动方向可分为上下摇动、左右摇动、斜方向摇动和旋转摇动，如下图所示。

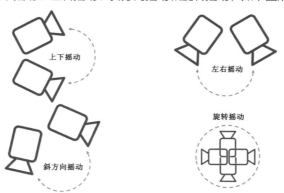

摇移运镜的操作方法

摇移运镜就像是一个人站着不动，然后转动头部或身体，用眼睛向四周观看身边的环境。用户在使用摇移运镜拍摄视频时，可以借助手机云台稳定器更加方便、稳定地调整镜头方向。

摇移运镜通过灵活变动拍摄角度，能够充分地展示主体所处的环境特征，可以让观众在观看短视频时能够产生身临其境的视觉体验感。

27 甩动运镜，急速扫摇

甩动运镜与摇移运镜的操作方法比较类似，只是速度比较快，是用的"甩"这个动作，而不是慢慢地摇镜头。

甩动运镜通常运用于两个镜头切换时的画面，在第一个镜头即将结束时，通过向另一个方向甩动镜头，来让镜头切换的过渡画面产生强烈的模糊感，然后马上换到另一个镜头场景拍摄。

> **专家提醒**
>
> 甩动运镜可以营造出镜头跟随人物眼球快速移动的画面场景，能够表现出一种极速的爆发力和冲击力，展现出事物、时间和空间变化的突然性，让观众产生一种紧迫感的心理。

28 跟随运镜，保持等距

跟随运镜与前面介绍的横移运镜比较类似，只是在方向上更为灵活多变，拍摄时可以始终跟随人物前进，让主角一直处于镜头中，从而产生强烈的空间穿越感，如下图所示。跟随运镜适用于拍摄采访类、纪录片及宠物类等 Vlog 短视频题材，能够很好地强调内容主题。

使用跟随运镜拍摄短视频时，需要注意以下事项。

- 镜头与人物之间的距离始终保持一致。
- 重点拍摄人物的面部表情和肢体动作的变化。
- 跟随的路径可以是直线，也可以是曲线。

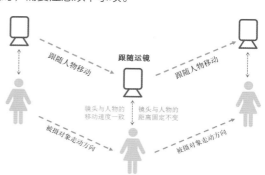

跟随运镜的操作方法

29 升降运镜，改变视域

升降运镜是指镜头的机位朝上下方向运动，从不同方向的视点来拍摄要表达的场景，如下图所示。

升降运镜（垂直升降）的操作方法

升降运镜适合拍摄气势宏伟的建筑物、高大的树木、雄伟壮观的高山和展示人物的局部细节。

使用升降运镜拍摄短视频时，需要注意以下事项。

○ 拍摄时可以切换不同的角度和方位来移动镜头，如垂直上下移动、上下弧线移动、上下斜向移动和不规则的升降方向。

○ 在画面中可以纳入一些前景元素，从而体现出空间的纵深感，让观众感觉主体对象更加高大。

30 环绕运镜，360° 环拍

环绕运镜即镜头绕着对象 360° 环拍，操作难度比较大，在拍摄时旋转的半径和速度基本保持一致，如下图所示。

环绕运镜可以拍摄出对象周围 360° 的环境和空间特点，同时还可以配合其他运镜方式来增强画面的视觉冲击力。如果人物在拍摄时处于移动状态，则环绕运镜的操作难度会更大，用户可以借助一些手持稳定器设备来稳定镜头，让旋转过程更为平滑、稳定。

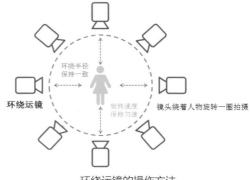

环绕运镜的操作方法